目次

数学 出題率

ニューウイング

別冊 詳しい解説付

高校入試

もくじ

特長

この本は，「高校別入試対策シリーズ＜赤本＞」の出版校と全国の公立高校入試を独自の項目で分類して出題率を算出し，「入試で出題されやすい」内容にねらいを定めた構成としていますので，効率のよい入試対策ができます。出題率の高い単元や，近年出題率が上昇している単元に特に多くの紙面を割いて，豊富な問題演習ができるようになっています。

また，詳しい解説をつけています。解けなかった問題，間違えた問題はじっくりと解説を読み，理解しておきましょう。

入試に向けての対策

まずはこの本を何度もくり返し取り組み，出題されやすい問題の傾向をつかんでください。そのうえで，まだ理解が足りないと感じたところや，この本に収録されていない単元についても学習を重ねてください。

出題率の集計結果はあくまでも全般的傾向ですので，「出会いやすい」単元の内容を把握するだけでなく，志望校において「好んで出題される」単元や出題形式を知ることも大切です。そこで，入試直前期には，最新の「高校別入試対策シリーズ＜赤本＞」を入念に仕上げて，万全の態勢で入試に向かってください。

（注）　本書の内容についての一切の責任は英俊社にございます。ご不審の点は当社へご質問下さい。（編集部）

出題率って、どういう意味？

■その単元が入学試験に出題される割合で、
■入試対策を効率よく進めるために役立つ情報です。

$$出題率（\%）＝\frac{その単元が出題された試験数}{調査した全試験数}×100$$

英俊社の「高校別入試対策シリーズ」出版校のすべての問題を、過去3年さかのぼって調査、算出しています。

この本の使い方

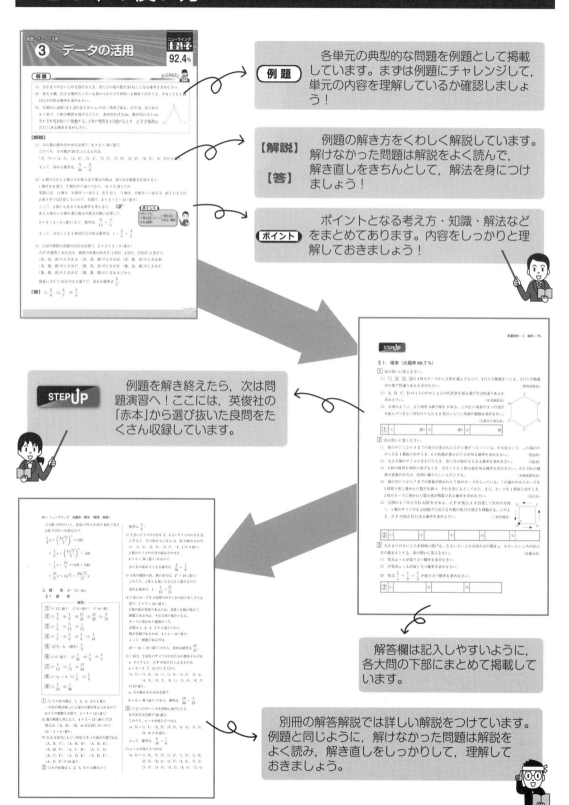

例題　各単元の典型的な問題を例題として掲載しています。まずは例題にチャレンジして，単元の内容を理解しているか確認しましょう！

【解説】 【答】　例題の解き方をくわしく解説しています。解けなかった問題は解説をよく読んで，解き直しをきちんとして，解法を身につけましょう！

ポイント　ポイントとなる考え方・知識・解法などをまとめてあります。内容をしっかりと理解しておきましょう！

STEP UP　例題を解き終えたら，次は問題演習へ！ここには，英俊社の「赤本」から選び抜いた良問をたくさん収録しています。

解答欄は記入しやすいように，各大問の下部にまとめて掲載しています。

別冊の解答解説では詳しい解説をつけています。例題と同じように，解けなかった問題は解説をよく読み，解き直しをしっかりして，理解しておきましょう。

出題率 数学 数と式・・・出題率グラフ

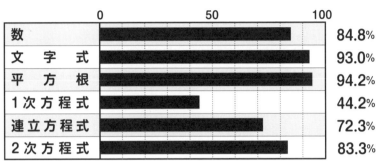

数		84.8%
文 字 式		93.0%
平 方 根		94.2%
1 次 方 程 式		44.2%
連 立 方 程 式		72.3%
2 次 方 程 式		83.3%

単元分類と出題率集計　　調査対象校：252 校　　総試験数：856 試験

大単元	中単元			小単元		
	ジャンル	出題試験数	出題率(%)	ジャンル	出題試験数	出題率(%)
数と式	数	726	84.8	数の計算	655	76.5
				数の性質	262	30.6
	文字式	796	93.0	式の計算	623	72.8
				式の展開	301	35.2
				因数分解	514	60.0
	平方根	806	94.2	平方根の計算	767	89.6
				平方根の性質	259	30.3
	1次方程式	378	44.2	1次方程式の計算	254	29.7
				1次方程式の利用	197	23.0
	連立方程式	619	72.3	連立方程式の計算	397	46.4
				連立方程式の解と定数	45	5.3
				連立方程式の利用	245	28.6
	2次方程式	713	83.3	2次方程式の計算	603	70.4
				2次方程式の解と定数	901	10.5
				2次方程式の利用	131	15.3

※中単元の集計は，一試験に重複して出題されている小単元を除外しています。
また，小単元の項目は，本書で取り上げている内容を中心に掲載しています。

編集部メモ

◆ **計算問題に要注意！**

計算問題をミスなく解くことが合格への第一歩だ。特に平方根の計算は出題率が非常に高い。展開公式の利用や，分母の有理化など，解法をきちんと復習して，徹底的に演習をしておこう。

◆ **2次方程式は出題率上昇**

計算問題，文章題ともに出題率が上昇している。まずは，因数分解の利用や解の公式などの解法をきちんと身に付けよう。文章題は，数や図形についての問題を中心に演習をするとよい。

① 数

例題

やってみよう!!

(1) $\dfrac{21}{10}$ と $\dfrac{35}{18}$ のいずれにかけてもその積が自然数になる分数のうち,最小のものを求めなさい。

(2) 240 にできるだけ小さい自然数をかけて,ある自然数の 2 乗にしたい。どんな自然数をかければよいか答えなさい。

(3) $\dfrac{6}{7}$ を小数で表したとき,小数第 100 位の数字を求めなさい。

(4) 987^{987} の一の位の数を求めなさい。

【解説】

(1) 求める数は,分母が 21 と 35 の最大公約数,

分子が 10 と 18 の最小公倍数となる数。

21 と 35 の最大公約数は 7,10 と 18 の最小公倍数

は 90 だから,求める数は $\dfrac{90}{7}$。

ポイント

ある分数にかけると積が自然数となる分数

⇒分母:かける分数の分子の約数
　分子:かける分数の分母の倍数

(2) $240 = 2^4 \times 3 \times 5$

累乗の指数を偶数にする数をかければよいから,

$3 \times 5 = 15$

ポイント

自然数の 2 乗

⇒素因数分解したとき
　の指数がすべて偶数。

(3) $\dfrac{6}{7} = 0.85714285714\cdots$ より,

小数第 1 位から,{8,5,7,1,4,2} の 6 つの数が繰り返し

並ぶことがわかる。

小数第 100 位の数字は,この繰り返しの 100 番目だから,

$100 \div 6 = 16$ あまり 4 より,この繰り返しの 4 番目の数である 1 となる。

ポイント

循環小数の小数第 n 位を
求める問題

累乗の一の位の数を
求める問題

⇒一の位の数の繰り返し
　を利用する。

(4) 987^{987} の一の位の数は,7^{987} の一の位の数である。

7 の累乗の一の位の数を順に調べていくと,

7^1 のとき 7,7^2 のとき,$7 \times 7 = 49$ より 9,7^3 のとき,$9 \times 7 = 63$ より 3,

7^4 のとき,$3 \times 7 = 21$ より 1,7^5 のとき,$1 \times 7 = 7$ より 7,…で,

{7,9,3,1} の 4 つの数を順に繰り返すことがわかる。

7^{987} の一の位の数は,$987 \div 4 = 246$ あまり 3 より,この繰り返しの 3 番目の数である,3。よって,987^{987} の一の位の数は 3。

【答】 (1) $\dfrac{90}{7}$ (2) 15 (3) 1 (4) 3

STEP UP

§1．数の計算（出題率 **76.5**％）

1 次の式を計算しなさい。

(1)　$1 - (-3)$　　　　　　　　　　　　　　　　　　　　　　　　　　（岩手県）

(2)　$-7 - (-8) - (-6)$　　　　　　　　　　　　　　　　　　（神戸学院大附高）

(3)　$-13 - \{(-6) + (-2)\}$　　　　　　　　　　　　　　　　　　（市川高）

(4)　$7 - 3 \times (-5)$　　　　　　　　　　　　　　　　　　　　　　（福井県）

(5)　$2 - 4 \times (1 - 3)$　　　　　　　　　　　　　　　　　　　（大阪商大堺高）

(6)　$(-5) \times (-9) + 4 \times (-8)$　　　　　　　　　　　　　　（金光大阪高）

(7)　$19 \times 6 - 12 \div (10 - 2 \times 3)$　　　　　　　　　　　（神戸弘陵学園高）

(8)　$24 - 12 \div (-3) \times (-2)$　　　　　　　　　　　　　　（神戸学院大附高）

(9)　$2 + 16 \div (-24) \times 9 + 3 \times (-5)$　　　　　　　　　　（神戸龍谷高）

	(1)		(2)		(3)		(4)		(5)	
1	(6)		(7)		(8)		(9)			

2 次の式を計算しなさい。

(1)　$\dfrac{1}{2} - \dfrac{4}{5}$　　　　　　　　　　　　　　　　　　　　（大阪偕星学園高）

(2)　$\dfrac{3}{4} - \dfrac{5}{6} - \left(-\dfrac{2}{3}\right)$　　　　　　　　　　　　　　（関西福祉科学大学高）

(3)　$\dfrac{4}{9} \div \left(-\dfrac{1}{6}\right)$　　　　　　　　　　　　　　　　　　（興國高）

(4)　$-8 \div \dfrac{2}{7} \times \left(-\dfrac{5}{14}\right)$　　　　　　　　　　　　　　（彩星工科高）

(5)　$\left(-\dfrac{3}{5}\right) \div \left(-\dfrac{3}{8}\right) + \dfrac{9}{10} \times \left(\dfrac{5}{6}\right)$　　　　　　　　（金光大阪高）

(6)　$\left(\dfrac{3}{7} - \dfrac{2}{13}\right) \times (-3) + \dfrac{2}{7} - \left(\dfrac{5}{4} + \dfrac{19}{52}\right) \times 4$　　　（帝塚山高）

	(1)		(2)		(3)		(4)		(5)	
2	(6)									

3 次の式を計算しなさい。

(1) $-2^2 \times (-3)^2$ （英真学園高）

(2) $-3^2 + 2^3 - (-3)^2$ （大阪高）

(3) $(-2)^3 + 3 \times 12 - 9 \times 6 - (-3)^3$ （関西創価高）

(4) $\{-(8-13)^2 + 4\} \div (-3) + (-2^2)$ （育英西高）

(5) $2 \times (-4) + 5 \times (-3)^2 - 6 \div (-3)$ （大谷高）

(6) $(-2)^3 \div \{-3^2 + (-3)^3\}$ （智辯学園和歌山高）

(7) $\{(-2)^5 - (25 - 3^3)\} \times (-2)$ （大阪桐蔭高）

(8) $-7^2 + (-2)^2 + 4^2 + (-7)^2 - 2^2 - (-4)^2$ （関西大倉高）

3	(1)		(2)		(3)		(4)		(5)	
	(6)		(7)		(8)					

4 次の式を計算しなさい。

(1) $\left(-\dfrac{1}{2}\right)^3 + \left(-\dfrac{1}{2}\right)^2 + \left(-\dfrac{1}{2}\right)$ （大阪産業大附高）

(2) $\dfrac{3}{4} + \left(\dfrac{3}{5} - \dfrac{5}{9}\right) \div \left(-\dfrac{2}{3}\right)^3$ （追手門学院高）

(3) $\left\{\dfrac{(-6)^2}{3} - \dfrac{(-6)^3}{4}\right\} \div 6$ （滝川高）

(4) $\left(\dfrac{2}{3}\right)^{2022} \times (-3)^{2021} \div (-2)^{2020}$ （興國高）

(5) $\left(\dfrac{4}{3}\right)^2 \times 0.15 + (-0.6)^2 \div \left(-\dfrac{9}{5}\right)$ （立命館高）

(6) $2 - \dfrac{23}{9} \times \left\{\dfrac{1}{5} \div 0.15 - \dfrac{2}{3} \times (-0.5^2)\right\}$ （大阪教大附高池田）

4	(1)		(2)		(3)		(4)		(5)	
	(6)									

§2．数の性質（出題率30.6％）

1　次の問いに答えなさい。

(1)　2つの整数148，245を自然数nで割ったとき，余りがそれぞれ4，5となる自然数nは全部で何個あるか，求めなさい。　　　　　　　　　　　　　　　　　　　　　　　　　　（秋田県）

(2)　ある2桁の正の整数に5を加えると，8でも9でも割り切れます。この正の整数を求めなさい。

（大阪桐蔭高）

(3)　$\dfrac{56}{33}$をかけても$\dfrac{22}{63}$で割っても答えが自然数となるような分数の中で最小のものを求めなさい。

（育英西高）

(4)　横の長さが8cm，たての長さが6cmの長方形のカードがある。　　　　　　　　　　（愛知県）

　　このカードと同じカードを同じ向きにすき間のないように並べて，なるべく小さな正方形をつくるとき，カードは何枚必要か，求めなさい。

(5)　624を素因数分解し，指数を使った形で表しなさい。　　　　　　　　　　（東大阪大柏原高）

(6)　140を素因数分解しなさい。　　　　　　　　　　　　　　　　　　　　　　　　（島根県）

(7)　$84n$の値が，ある自然数の2乗となるような自然数nのうち，最も小さいものを求めなさい。

（長野県）

(8)　nを正の整数とする。nから15を引いても16を足しても平方数となるnを求めなさい。ここで平方数とはある数の2乗で表される数のことである。　　　　　　　　　　（福岡大附大濠高）

1	(1)	個	(2)		(3)		(4)	枚	(5)	
	(6)		(7)		(8)					

2　次の問いに答えなさい。

(1)　2つの自然数a，bの最小公倍数を【a，b】で表すこととする。たとえば，【3，6】＝6，【4，6】＝12である。このとき，【【【2，4】，3】，16】の値を求めなさい。　　　　　　　（大阪偕星学園高）

(2)　【531】＝3，【13】＝1，【4】＝0，【16×3】＝4のように，記号【 】は【 】内の十の位の数を表す記号だとします。このとき，【【【25】×25】×25】を求めなさい。　　　　　　（大阪偕星学園高）

(3)　8^{2021}の一の位の数と8^{2020}の一の位の数の差は［　　　　　　］である。　　（京都先端科学大附高）

(4)　$\dfrac{35}{111}$を小数で表したとき，小数第22位の数字を求めなさい。　　　　　　　　　（奈良育英高）

(5)　$\dfrac{41}{333}$を小数に直したとき，小数第10位の数を求めなさい。　　　　　　　　　（大商学園高）

2	(1)		(2)		(3)		(4)		(5)	

② 文 字 式

例 題

(1) $(x + 3)(x - 3) + (x - 2)^2 - (x + 1)(x - 5)$ を展開しなさい。

(2) $(2a + b - 1)(2a + b + 1)$ を展開しなさい。

(3) $(x + 1)^2 - (x - 1)^2$ を展開しなさい。

(4) $(x + 1)^2 - (x + 1) - 20$ を因数分解しなさい。

(5) $x^2 - y^2 + 2y - 1$ を因数分解しなさい。

(6) $x^3y - xy^3 - x^2y + xy^2$ を因数分解しなさい。

(7) $276^2 - 125^2 - 276 + 125$ を計算しなさい。

(8) $x = \dfrac{2}{3}$, $y = -\dfrac{1}{6}$ のとき, $x^2 + 4y^2 + 4xy - 3x^2y - 3xy^2$ の値を求めなさい。

【解説】

ポイント

$(x+a)^2 = x^2 + 2ax + a^2$

$(x+a)(x+b) = x^2 + (a+b)x + ab$

$(x+a)(x-a) = x^2 - a^2$

公式を利用できる形を作ろう。

(1) 与式 $= x^2 - 9 + x^2 - 4x + 4 - (x^2 - 4x - 5) = x^2$

(2) $2a + b = $ A とすると, 与式 $= (A - 1)(A + 1)$

$= A^2 - 1 = (2a + b)^2 - 1 = 4a^2 + 4ab + b^2 - 1$

(3) $x + 1 = $ A, $x - 1 = $ B とおくと,

与式 $= A^2 - B^2 = (A + B)(A - B)$

$= (x + 1 + x - 1)(x + 1 - x + 1) = 2x \times 2 = 4x$

(4) $x + 1 = $ A とおくと, 与式 $= A^2 - A - 20 = (A + 4)(A - 5) = (x + 1 + 4)(x + 1 - 5)$

$= (x + 5)(x - 4)$

(5) 与式 $= x^2 - (y^2 - 2y + 1) = x^2 - (y - 1)^2$ ここで, $y - 1 = $ A とおくと,

与式 $= (x + A)(x - A) = (x + A)(x - A) = (x + y - 1)(x - y + 1)$

(6) 与式 $= xy(x^2 - y^2 - x + y) = xy\{(x + y)(x - y) - (x - y)\}$ ここで, $x - y = $ A とおくと,

与式 $= xy\{(x + y)A - A\} = xyA(x + y - 1) = xy(x - y)(x + y - 1)$

(7) 与式 $= (276 + 125) \times (276 - 125) - (276 - 125)$

$= (276 - 125) \times (276 + 125 - 1) = 151 \times 400 = 60400$

ポイント

数の計算においても, 展開や因数分解をした後で計算をするようにしよう。

(8) $x^2 + 4y^2 + 4xy - 3x^2y - 3xy^2$

$= (x + 2y)^2 - 3xy(x + y)$

$= \left\{ \dfrac{2}{3} + 2 \times \left(-\dfrac{1}{6} \right) \right\}^2 - 3 \times \dfrac{2}{3} \times \left(-\dfrac{1}{6} \right) \times \left(\dfrac{2}{3} - \dfrac{1}{6} \right)$

$= \left(\dfrac{2}{3} - \dfrac{1}{3} \right)^2 - 3 \times \dfrac{2}{3} \times \left(-\dfrac{1}{6} \right) \times \dfrac{1}{2} = \dfrac{1}{9} + \dfrac{1}{6} = \dfrac{5}{18}$

【答】 (1) x^2　(2) $4a^2 + 4ab + b^2 - 1$　(3) $4x$　(4) $(x + 5)(x - 4)$　(5) $(x + y - 1)(x - y + 1)$

(6) $xy(x - y)(x + y - 1)$　(7) 60400　(8) $\dfrac{5}{18}$

STEP UP

§1．式の計算（出題率 **72.8** ％）

1 次の計算をしなさい。

(1)　$(-6x + 9) \div 3$ （長野県）

(2)　$(7a + 4) - (3a - 6)$ （市川高）

(3)　$\dfrac{2x - 3}{6} - \dfrac{3x - 2}{9}$ （愛知県）

(4)　$8x^2 \times 3y \div 4x$ （樟蔭東高）

(5)　$(-2x)^3 \div 6x \div (-4x)$ （日ノ本学園高）

(6)　$a^2 \times ab^2 \div a^3b$ （秋田県）

(7)　$24ab^2 \div (-6a) \div (-2b)$ （青森県）

(8)　$\dfrac{1}{4}a^3 \div \left(-\dfrac{3}{10}a^2b\right) \times \dfrac{5}{6}ab^2$ （金光大阪高）

(9)　$\dfrac{14}{15}x^2 \times \left(-\dfrac{3}{4}xy\right)^2 \div \dfrac{21}{32}x^3y$ （神戸学院大附高）

(10)　$\left(-\dfrac{2}{3}x^3y^2\right)^2 \div \left(-\dfrac{5}{6}x\right)^2 \times \left(-\dfrac{5}{2xy}\right)^3$ （帝塚山高）

1	(1)		(2)		(3)		(4)	
	(5)		(6)		(7)		(8)	
	(9)		(10)					

2 次の計算をしなさい。

(1)　$\dfrac{1}{3}x + y - 2x + \dfrac{1}{2}y$ （青森県）

(2)　$3(-x + y) - (2x - y)$ （岐阜県）

(3)　$4(x + y) - 3(2x - y)$ （栃木県）

(4)　$2(3a - b) - 5(2b - a) + 2$ （九州産大付九州高）

(5)　$3(-1 + 2x) + 2(-x + 4)$ （神戸国際大附高）

2	(1)		(2)		(3)		(4)	
	(5)							

③ 次の計算をしなさい。

(1) $\dfrac{3a + 2b}{6} - \dfrac{2a - 3b}{4}$ （綾羽高）

(2) $\dfrac{x + 2y}{5} - \dfrac{x + 3y}{4}$ （石川県）

(3) $\left(\dfrac{5x - 3y}{2} - \dfrac{2x + 3y}{5}\right) \times \dfrac{10}{21}$ （神戸星城高）

(4) $\dfrac{4a - 2b - 5}{7} - \dfrac{a - b - 3}{2}$ （近江兄弟社高）

(5) $\dfrac{5a - 2b}{3} - \dfrac{a + 3b}{4} - \dfrac{1}{2}a + b$ （京都女高）

(6) $\dfrac{a - 2b + 3c}{7} - \dfrac{2a - b - c}{3}$ （興國高）

(7) $\dfrac{x - 2y + 3z}{3} - \dfrac{2x - 2y + 4z}{4}$ （香ヶ丘リベルテ高）

3	(1)		(2)		(3)		(4)	
	(5)		(6)		(7)			

§2．式の展開（出題率35.2％）

① 次の計算をしなさい。

(1) $x(x^2 - 1)$ （星翔高）

(2) $(x + 2)(x + 3)$ （英真学園高）

(3) $(x - 2)^2$ （三田松聖高）

(4) $(9 + a)(9 - a)$ （金光藤蔭高）

(5) $(x + 3)(x - 2y + 3)$ （京都光華高）

(6) $(x + 2)^2 + 3(x + 2) + 2$ （神戸弘陵学園高）

(7) $(x + y + 3)(x - y + 3)$ （京都両洋高）

1	(1)		(2)		(3)		(4)	
	(5)		(6)		(7)			

2 次の計算をしなさい。

(1) $(x - 4)(x + 4)(x^2 + 16)$　　　　　　　　　　　　　　　　　　　（立命館高）

(2) $(x + 1)(x + 2)(x + 3)(x + 4)$　　　　　　　　　　　　　　　　　（金蘭会高）

(3) $(3x - y)(x + 3y) - (2x + y)^2$　　　　　　　　　　　　　　　　（神戸常盤女高）

(4) $(x + 6)^2 - (x - 6)^2 - (x + 6)(x - 6) - 12(2x + 3)$　　　（香里ヌヴェール学院高）

(5) $(2x + 3y)(2x - y) - (x - 3y)^2 - 3(x + 2y)(x - 2y)$　　　　（明星高）

2	(1)		(2)		(3)		(4)	
	(5)							

§3. 因数分解（出題率 60.0 %）

1 次の式を因数分解しなさい。

(1) $x^2 - 8x$　　　　　　　　　　　　　　　　　　　　　　　　　　（英真学園高）

(2) $4xy^2 - 28xy$　　　　　　　　　　　　　　　　　　　　　　　　（金光藤蔭高）

(3) $x^2 - 8x + 16$　　　　　　　　　　　　　　　　　　　　　　　　（大阪薫英女高）

(4) $x^2 - 6x + 9$　　　　　　　　　　　　　　　　　　　　　　　　　（箕面学園高）

(5) $x^2 + 10x + 21$　　　　　　　　　　　　　　　　　　　　　　　（大阪成蹊女高）

(6) $x^2 - 13x + 36$　　　　　　　　　　　　　　　　　　　　　　　（大阪偕星学園高）

(7) $x^2 - 64$　　　　　　　　　　　　　　　　　　　　　　　　　　（大商学園高）

(8) $81x^2 - 4$　　　　　　　　　　　　　　　　　　　　　　　　　（東洋大附姫路高）

1	(1)		(2)		(3)		(4)	
	(5)		(6)		(7)		(8)	

2 次の式を因数分解しなさい。

(1) $(x - 2)^2 - 4(x - 2) - 21$　　　　　　　　　　　　　　　　　（金光大阪高）

(2) $a(x - 1)^2 - a(x - 1) - 6a$　　　　　　　　　　　　　　　　（京都女高）

(3) $x^2 - y^2 + 4y - 4$　　　　　　　　　　　　　　　　　　　　　（開智高）

(4) $4x^2 - 9y^2 - 4x + 1$　　　　　　　　　　　　　　　　　　　　（関西学院高）

(5) $xy - x + y - 1$　　　　　　　　　　　　　　　　　　　　　　　（開明高）

(6) $ax + bx - ay - by$　　　　　　　　　　　　　　　　　　　　　（市川高）

2	(1)		(2)		(3)	
	(4)		(5)		(6)	

3 次の式を因数分解しなさい。

(1) $x^3y + x^2y - xy^3 - xy^2$ （同志社国際高）

(2) $(x - y)(x - y - 1) - 12$ （光泉カトリック高）

(3) $(x^2 - 6x)(x^2 - 6x + 17) + 72$ （関西学院高）

(4) $x^2 + 4y^2 - 4xy - 4yz + 2zx$ （神戸常盤女高）

(5) $x^2 - 2xy + y^2 - 5x + 5y + 6$ （大阪国際高）

3	(1)		(2)		(3)	
	(4)		(5)			

4 次の問いに答えなさい。

(1) $2022^2 - 22 \times 2022$ を計算しなさい。 （大阪青凌高）

(2) $55^2 - 45^2$ を計算しなさい。 （香ヶ丘リベルテ高）

(3) $340^2 - 337^2 - 3^2$ を計算しなさい。 （大阪教大附高平野）

(4) $x = 100$, $y = 99$ のとき，$x^2 - 2xy + y^2$ の値を求めなさい。 （神戸常盤女高）

(5) $x = 21$, $y = -21$ のとき，$xy + x - y - 1$ の値を求めなさい。 （滋賀学園高）

(6) $x = 97$ のとき，$x(x - 1) + (x - 2)(x - 3) - (x - 3)(x - 4)$ の値を求めなさい。

（同志社国際高）

(7) $a = 2021$, $b = 2019$ のとき，$a^2 - 2ab + b^2 + (a - 1)(b + 1) - ab$ の値を求めなさい。

（奈良文化高）

4	(1)		(2)		(3)		(4)	
	(5)		(6)		(7)			

5 正の整数 a, b について，$\mathrm{P} = a^2 + 2ab + b^2$ と定める。

たとえば，$a = 1$, $b = 2$ なら，$\mathrm{P} = 1^2 + 2 \times 1 \times 2 + 2^2$ である。

$\mathrm{P} = 100$ の場合について，次の問いに答えなさい。 （甲子園学院高）

(1) $a = 3$ のとき，b の値を求めなさい。

(2) a, b の組は全部で何組ありますか。

5	(1)	$b =$	(2)		組

③ 平 方 根

例 題

やってみよう!!

(1) $\sqrt{27} - \dfrac{\sqrt{6}}{\sqrt{2}} + \dfrac{15}{\sqrt{3}}$ の計算をしなさい。

(2) $(\sqrt{3} - 2\sqrt{5})^2$ の計算をしなさい。

(3) $(\sqrt{6} - \sqrt{3})^2 - \dfrac{\sqrt{8} - 6}{\sqrt{2}}$ の計算をしなさい。

(4) $x = 3 - \sqrt{5}$ のとき，$x^2 - 6x + 4$ の値を求めなさい。

(5) $x = \sqrt{5} + 2$, $y = \sqrt{5} - 2$ のとき，$x^2 - y^2$ の値を求めなさい。

(6) $x = 1 + \sqrt{5}$, $y = 1 - \sqrt{5}$ のとき，$x^2 - xy + y^2$ の値を求めなさい。

【解説】

(1) 与式 $= 3\sqrt{3} - \sqrt{3} + \dfrac{15\sqrt{3}}{3} = 2\sqrt{3} + 5\sqrt{3} = 7\sqrt{3}$

(2) 与式 $= (\sqrt{3})^2 - 2 \times \sqrt{3} \times 2\sqrt{5} + (2\sqrt{5})^2 = 3 - 4\sqrt{15} + 20 = 23 - 4\sqrt{15}$

(3) 与式 $= 6 - 6\sqrt{2} + 3 - \left(\dfrac{\sqrt{8}}{\sqrt{2}} - \dfrac{6}{\sqrt{2}} \right)$

   $= 9 - 6\sqrt{2} - (\sqrt{4} - 3\sqrt{2})$

   $= 9 - 6\sqrt{2} - 2 - 3\sqrt{2} = 7 - 3\sqrt{2}$

(4) $x = 3 - \sqrt{5}$ だから，$x - 3 = -\sqrt{5}$ ☞

   両辺を 2 乗して，$(x - 3)^2 = (-\sqrt{5})^2$ より，

   $x^2 - 6x + 9 = 5$

   よって，$x^2 - 6x + 4 = 0$

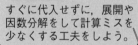

ポイント

すぐに代入せずに，展開や因数分解をして計算ミスを少なくする工夫をしよう。

(5) $x^2 - y^2 = (x + y)(x - y)$ ☞

   ここで，$x + y = (\sqrt{5} + 2) + (\sqrt{5} - 2) = 2\sqrt{5}$,

   $x - y = (\sqrt{5} + 2) - (\sqrt{5} - 2) = 4$ だから，

   $x^2 - y^2 = (x + y)(x - y) = 2\sqrt{5} \times 4 = 8\sqrt{5}$

(6) $x^2 - xy + y^2 = x^2 - 2xy + y^2 + xy = (x - y)^2 + xy$ ☞

   ここで，$x - y = (1 + \sqrt{5}) - (1 - \sqrt{5}) = 2\sqrt{5}$,

   $xy = (1 + \sqrt{5})(1 - \sqrt{5}) = 1 - 5 = -4$ だから，

   $x^2 - xy + y^2 = (x - y)^2 + xy = (2\sqrt{5})^2 + (-4) = 20 - 4 = 16$

【答】 (1) $7\sqrt{3}$　(2) $23 - 4\sqrt{15}$　(3) $7 - 3\sqrt{2}$　(4) 0　(5) $8\sqrt{5}$　(6) 16

例題

やってみよう!!

(1) $\sqrt{2}$ の整数部分を a，小数部分を b とするとき，$a - b^2$ の値を求めなさい。

(2) $4 < \sqrt{2n} < 5$ を満たす自然数 n の個数を求めなさい。

(3) $\sqrt{360n}$ が自然数となるような最小の自然数 n を求めなさい。

(4) $\sqrt{\dfrac{1080}{n}}$ が自然数となるような最小の自然数 n を求めなさい。

(5) $\sqrt{40 - 2a}$ が整数となるような自然数 a をすべて求めなさい。

【解説】

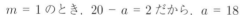

(1) $1 < \sqrt{2} < 2$ より，$a = 1$ で，$b = \sqrt{2} - 1$　☞

よって，$a - b^2 = 1 - (\sqrt{2} - 1)^2$

$= 1 - (2 - 2\sqrt{2} + 1) = 1 - 3 + 2\sqrt{2} = -2 + 2\sqrt{2}$

(2) $4^2 = 16$，$5^2 = 25$ より，$\sqrt{16} < \sqrt{2n} < \sqrt{25}$

これより，$16 < 2n < 25$ だから，$8 < n < 12.5$

よって，求める自然数 n は，9，10，11，12 の 4 個。

(3) $360n = 2^3 \times 3^2 \times 5 \times n = 2^2 \times 3^2 \times (2 \times 5 \times n)$ より，

$\sqrt{360n} = \sqrt{2^2 \times 3^2 \times (2 \times 5 \times n)}$

よって，求める自然数 n は，$n = 2 \times 5 = 10$　☞

(4) $1080 = 2^3 \times 3^3 \times 5 = 2^2 \times 3^2 \times (2 \times 3 \times 5)$ より，

$\sqrt{\dfrac{1080}{n}} = \sqrt{\dfrac{2^2 \times 3^2 \times (2 \times 3 \times 5)}{n}}$

よって，求める自然数 n は，$n = 2 \times 3 \times 5 = 30$

(5) $\sqrt{40 - 2a} = \sqrt{2(20 - a)}$ より，

m を 0 以上の整数として，$20 - a = 2 \times m^2$ となればよい。

$m = 0$ のとき，$20 - a = 0$ だから，$a = 20$　☞

$m = 1$ のとき，$20 - a = 2$ だから，$a = 18$

$m = 2$ のとき，$20 - a = 8$ だから，$a = 12$

$m = 3$ のとき，$20 - a = 18$ だから，$a = 2$

$m = 4$ 以上の場合は a が負の数となり適さない。

よって，求める自然数 a は，2，12，18，20。

【答】 (1) $-2 + 2\sqrt{2}$　(2) 4 個　(3) 10　(4) 30　(5) 2，12，18，20

ポイント

$\sqrt{n}$ の整数部分と小数部分

$\Rightarrow \sqrt{n}$ の整数部分が a のとき，小数部分は，$n - a$ と表せる

ポイント

根号のついた数が自然数になる

$\Rightarrow$ 根号の中の数が，ある自然数の 2 乗になる。

ポイント

根号のついた数が整数になる

$\Rightarrow$ 整数は 0 も含むことに注意する。

STEP UP

§1．平方根の計算（出題率 89.6 ％）

1　次の式を計算しなさい。

(1)　$\sqrt{28} - \sqrt{7}$ 　　　　　　　　　　　　　　　　　　　　　（北海道）

(2)　$\sqrt{8} - \sqrt{2} + \sqrt{18}$ 　　　　　　　　　　　　　　　　（大阪電気通信大高）

(3)　$\sqrt{12} + \sqrt{75} - \sqrt{48}$ 　　　　　　　　　　　　　　　（京都光華高）

(4)　$\sqrt{54} - \sqrt{6} - \sqrt{24}$ 　　　　　　　　　　　　　　　（神港学園高）

(5)　$\sqrt{32} - 3\sqrt{5} - \sqrt{18} + \sqrt{20}$ 　　　　　　　　　　（日ノ本学園高）

1	(1)		(2)		(3)		(4)		(5)	

2　次の式を計算しなさい。

(1)　$\sqrt{8} \times \sqrt{12}$ 　　　　　　　　　　　　　　　　　　　（好文学園女高）

(2)　$\sqrt{80} \times \sqrt{5}$ 　　　　　　　　　　　　　　　　　　　（秋田県）

(3)　$\sqrt{45} \div \sqrt{5}$ 　　　　　　　　　　　　　　　　　　　（箕面学園高）

(4)　$\sqrt{35} \div \sqrt{21} \times \sqrt{6}$ 　　　　　　　　　　　　　（阪南大学高）

(5)　$\sqrt{10} \times \sqrt{35} \div \sqrt{14}$ 　　　　　　　　　　　　　（太成学院大高）

(6)　$\sqrt{5} - (\sqrt{2})^2 + 2\sqrt{5} + 7$ 　　　　　　　　　　　　（滋賀学園高）

(7)　$\sqrt{15} \div \sqrt{3} \times \sqrt{2} + 2\sqrt{10}$ 　　　　　　　　（九州国際大付高）

(8)　$\sqrt{3}(\sqrt{6} + \sqrt{12}) - \sqrt{5}(\sqrt{10} - \sqrt{20})$ 　　　　（大阪青凌高）

(9)　$\{(-2\sqrt{3})^3 + \sqrt{108}\} \div \sqrt{6} + \sqrt{50}$ 　　　　　　（近大附高）

2	(1)		(2)		(3)		(4)		(5)	
	(6)		(7)		(8)		(9)			

3　次の式を計算しなさい。

(1)　$\sqrt{32} - \dfrac{6}{\sqrt{2}}$ 　　　　　　　　　　　　　　　　（芦屋学園高）

(2)　$3\sqrt{3} - 2\sqrt{12} - \dfrac{12}{\sqrt{3}}$ 　　　　　　　　　　（あべの翔学高）

(3)　$3\sqrt{2} + \sqrt{27} + \dfrac{6}{\sqrt{2}} - 2\sqrt{3}$ 　　　　　　（神戸星城高）

3	(1)		(2)		(3)	

4 次の式を計算しなさい。

(1) $\sqrt{3}\left(\sqrt{\dfrac{3}{2}} + \sqrt{6}\right) - \dfrac{7}{\sqrt{2}}$　　　　　　　　　（育英高）

(2) $\left(\dfrac{\sqrt{27} - \sqrt{3}}{\sqrt{2}} - \sqrt{\dfrac{2}{3}}\right) \times \sqrt{6}$　　　　　　　　　（大阪産業大附高）

(3) $\sqrt{5}\,(\sqrt{0.6} - \sqrt{15}) + \dfrac{30}{\sqrt{12}}$　　　　　　　　　（筑紫女学園高）

4	(1)		(2)		(3)	

5 次の式を計算しなさい。

(1) $(2\sqrt{3} + 1)^2 - 2\sqrt{12}$　　　　　　　　　（浪速高）

(2) $(\sqrt{3} + 2)(\sqrt{3} - 4) - (\sqrt{3} + 3)(\sqrt{3} - 3)$　　　　　　　　　（開智高）

(3) $(\sqrt{15} + \sqrt{10})(\sqrt{3} - \sqrt{2})(\sqrt{10} + 2)(\sqrt{5} - \sqrt{2})$　　　　　　　　　（関大第一高）

(4) $(\sqrt{5} + \sqrt{2})^2 - (\sqrt{5} - \sqrt{2})^2$　　　　　　　　　（愛知県）

(5) $(\sqrt{1.5} - \sqrt{0.96})^2$　　　　　　　　　（久留米大附高）

5	(1)		(2)		(3)		(4)	
	(5)							

6 次の問いに答えなさい。

(1) $x = \sqrt{3} - 2$ のときの，式 $x^2 + 4x + 4$ の値を求めなさい。　　　　　　　　　（綾羽高）

(2) $x = \sqrt{6} + \sqrt{3}$, $y = \sqrt{6} - \sqrt{3}$ のとき，$x^2 + xy + y^2$ の値を求めなさい。　　　　　（樟蔭東高）

(3) $x = \dfrac{\sqrt{7} + \sqrt{3}}{2}$, $y = \dfrac{\sqrt{7} - \sqrt{3}}{2}$ のとき，$x^2 - xy + y^2$ の値を求めなさい。　　　（育英西高）

(4) $a = 3 + \sqrt{7}$, $b = 8 + \sqrt{7}$ のとき，$a^2 - 2ab + b^2$ の値を求めなさい。　　　　　（開智高）

(5) $a = \sqrt{3} + \sqrt{2}$, $b = \sqrt{3} - \sqrt{2}$ のとき，$\dfrac{a^2 - 4ab + 2b^2}{a - b}$ の値を求めなさい。

（京都府立桃山高）

6	(1)		(2)		(3)		(4)	
	(5)							

7　次の問いに答えなさい。　　　　　　　　　　　　　　　　　　　　　　　　　　（金蘭会高）

(1)　$(\sqrt{5} + \sqrt{3})(\sqrt{5} - \sqrt{3})$ を計算しなさい。

(2)　(1)を利用して，$\dfrac{1}{\sqrt{5} + \sqrt{3}}$ の分母を有理化しなさい。

(3)　$\dfrac{1}{\sqrt{5} + \sqrt{3}} + \dfrac{1}{\sqrt{5} - \sqrt{3}}$ を計算しなさい。

7	(1)		(2)		(3)	

§2．平方根の性質（出題率 **30.3 %**）

1　次の問いに答えなさい。

(1)　$\sqrt{10}$ の整数部分を a とするとき，$a^2 - a - 3$ の値を求めなさい。　　　（京都橘高）

(2)　$\sqrt{11}$ の整数部分を a，小数部分を b とするとき，$a^2 - b^2 - 6b$ の値を求めなさい。　　（埼玉県）

(3)　$4 - \sqrt{3}$ の小数部分を a とするとき，$a^2 - 4a + 4$ の値を求めなさい。　　（大阪学芸高）

(4)　$(\sqrt{3} + 1)^2$ の小数部分を a，$(\sqrt{3} - 1)^2$ の小数部分を b とするとき，$a^2 + 2ab + b^2$ の値を
　　求めよ。　　　　　　　　　　　　　　　　　　　　　　　　　　　　　（同志社国際高）

1	(1)		(2)		(3)		(4)	

2　次の問いに答えなさい。

(1)　$\sqrt{160n}$ が整数となるような最小の自然数 n の値を求めなさい。　　　　（大阪薫英女高）

(2)　$\sqrt{\dfrac{108}{a}}$ が整数となるような2けたの自然数 a を**すべて**求めなさい。　　（京都外大西高）

(3)　$\sqrt{100 - 3a}$ が整数となるような正の整数 a の個数を求めなさい。　　　（大阪青凌高）

(4)　$\sqrt{7a}$ が5より大きく8より小さくなるような自然数 a の個数を求めなさい。　　（近大附高）

(5)　$a < \sqrt{30}$ となる自然数 a のうち，最も大きいものを求めなさい。　　　　（徳島県）

(6)　n を自然数とします。$\sqrt{\dfrac{900}{n}}$ と $\dfrac{n + 2}{9}$ がともに自然数となる n のうち，もっとも小さいもの
　　を求めなさい。　　　　　　　　　　　　　　　　　　　　　　　　　　　（履正社高）

(7)　次の二つの条件を同時に満たす自然数 n の値を求めなさい。　　　　　　　　（大阪府）

　　・$4 < \sqrt{n} < 5$ である。

　　・$\sqrt{6n}$ の値は自然数である。

2	(1)		(2)		(3)	個	(4)	個
	(5)		(6)		(7)			

④ 方 程 式

例題  やってみよう!!

P 地点と Q 地点を通る直線の道があり，PQ 間の距離は 4km で，その途中に R 地点がある。A さんは午前 9 時に P 地点を出発し，自転車に乗って時速 12km で R 地点に向かい，B さんは午前 9 時 10 分に Q 地点を出発し，歩いて時速 4km で R 地点に向かうと，同時に R 地点に着いた。PR 間の距離は何 km ですか。

【解説】

PR 間の距離を x km とすると，

A さんが PR 間を進むのにかかった時間は，$\dfrac{x}{12}$ 時間。

また，QR 間の距離は $(4 - x)$ km だから，

B さんが QR 間を進むのにかかった時間は，$\left(\dfrac{4 - x}{4}\right)$ 時間。

この 2 人の時間の差が，10 分 $= \dfrac{1}{6}$ 時間なので，

$\dfrac{x}{12} - \dfrac{4 - x}{4} = \dfrac{1}{6}$ が成り立つ。

両辺を 12 倍して，$x - 3(4 - x) = 2$

整理して，$4x = 14$ より，$x = 3.5$

【答】 3.5km

> **ポイント**
>
> ① 係数に分数を
> ふくむ方程式
> ⇒両辺に分母の最小公倍数をかけて，分母をはらう。
>
> ② 係数に小数を
> ふくむ方程式
> ⇒両辺に 10, 100 などをかけて，係数を整数になおす。

例題 ≪連立方程式≫  やってみよう!!

濃度 14 ％の食塩水 A と，濃度 6 ％の食塩水 B を混ぜると，濃度 8 ％の食塩水が 200g できた。このとき，混ぜ合わせた食塩水 A，B の量はそれぞれ何 g か求めなさい。

【解説】

食塩水 A を x g，食塩水 B を y g 混ぜたとすると，

食塩水の量について，$x + y = 200$……①

含まれる食塩の量について，

$0.14x + 0.06y = 200 \times 0.08$……②が成り立つ。

②× 100 より，$14x + 6y = 1600$ だから，

両辺を 2 でわって，$7x + 3y = 800$……③

③－①× 3 より，$4x = 200$ だから，$x = 50$

①に代入して，$50 + y = 200$ より，$y = 150$

【答】 （食塩水 A）50g （食塩水 B）150g

> **ポイント**
>
> 係数に分数や小数をふくむ連立方程式は，係数が全部整数になるように変形してから解くとよい。

例 題 ≪ 2 次方程式 ≫

(1) 方程式 $4x^2 - 7x + 2 = 0$ を解きなさい。

(2) ある正の数 x に 2 を加えてから 2 乗するところを，2 を加えてから誤って 2 倍したため，正しい答えより 63 だけ小さくなりました。このときの x を求めなさい。

(3) 横が縦より 3 cm 長い長方形の厚紙がある。右図のように，4 すみから 1 辺が 3 cm の正方形を切り取り，ふたのない直方体の容器を作ったところ，その容積は 84cm³ になった。もとの厚紙の縦の長さを求めなさい。

【解説】

(1) 解の公式より，

$$x = \frac{-(-7) \pm \sqrt{(-7)^2 - 4 \times 4 \times 2}}{2 \times 4} = \frac{7 \pm \sqrt{17}}{8}$$

ポイント

2 次方程式
$ax^2 + bx + c = 0$ の解は
$$x = \frac{-b \pm \sqrt{b^2 - 4ac}}{2a}$$

(2) x に 2 を加えて 2 乗した数は $(x + 2)^2$，

2 を加えてから 2 倍した数は $2(x + 2)$ なので，

$(x + 2)^2 = 2(x + 2) + 63$ が成り立つ。

展開して，$x^2 + 4x + 4 = 2x + 4 + 63$

移項して整理すると，$x^2 + 2x - 63 = 0$

左辺を因数分解して，$(x + 9)(x - 7) = 0$

よって，$x = -9, 7$

x は正の数なので，7。 ☞

ポイント

方程式の解が，問題に合っているかどうか確認をする。

(3) 厚紙の縦の長さを x cm $(x > 6)$ とすると，横の長さは $(x + 3)$ cm。

4 すみから 1 辺が 3 cm の正方形を切り取るので，

直方体の容器の縦の長さは，$x - 3 \times 2 = x - 6$ (cm)，

横の長さは，$(x + 3) - 3 \times 2 = x - 3$ (cm)，

高さは 3 cm となる。

直方体の体積が 84cm³ なので，$(x - 6)(x - 3) \times 3 = 84$ が成り立つ。

両辺を 3 でわって左辺を展開すると，

$x^2 - 9x + 18 = 28$ だから，$x^2 - 9x - 10 = 0$

左辺を因数分解して，$(x + 1)(x - 10) = 0$　よって，$x = -1, 10$

$x > 6$ だから，$x = -1$ は問題に合わない。

したがって，もとの厚紙の縦の長さは 10cm。

【答】 (1) $x = \dfrac{7 \pm \sqrt{17}}{8}$　(2) $x = 7$　(3) 10cm

STEP UP

§1. 1次方程式（出題率 44.2 %）

1　次の方程式を解きなさい。

(1) $3x - 1 = 5x + 9$ （綾羽高）

(2) $5x - 7 = 9(x - 3)$ （東京都）

(3) $0.6x - 0.5(3x - 2) = 4$ （平安女学院高）

(4) $\dfrac{3x - 7}{5} = \dfrac{2x + 1}{3}$ （日ノ本学園高）

(5) $3 - \dfrac{x - 5}{12} = 0.25(3x + 2)$ （関西大倉高）

(6) $\dfrac{1}{3}x + \dfrac{3}{2} = \dfrac{1}{6}x - 1$ （関西大倉高）

(7) $x : 12 = 3 : 2$ （大阪府）

(8) $(x - 1) : x = 3 : 5$ （香川県）

1	(1) $x =$	(2) $x =$	(3) $x =$	(4) $x =$	(5) $x =$
	(6) $x =$	(7) $x =$	(8) $x =$		

2　次の問いに答えなさい。

(1) 3 ％の食塩水 100g と 8 ％の食塩水 x g を混ぜたところ 6 ％の食塩水ができました。x の値を求めなさい。 （京都産業大附高）

(2) 8 ％の食塩水 510g に 16 ％の食塩水 170g を加えた。さらに食塩 x g を加えたところ，15 ％の食塩水ができた。x の値を求めなさい。 （神戸常盤女高）

(3) ある人が地点 A から 18km 離れた地点 B まで行くのに，途中までは時速 9 km で走り，その後時速 4 km で歩いたので，全部で 3 時間 40 分かかった。時速 4 km で歩いた道のりを求めなさい。 （初芝橋本高）

(4) 兄は家から 2 km 離れた学校へ歩いて出発し，兄が出発してから 10 分後に妹が走って同じ道を追いかけた。兄の歩く速さが分速 60m，妹の走る速さが分速 100m であるとき，妹が兄に追いついた場所は学校まであと何 m のところか求めなさい。 （中村学園女高）

(5) 定価 1000 円の商品を定価で売ると 600 円の利益が出る。この商品を定価の x ％引きで売ったところ，350 円の利益が出た。このとき，x の値を求めなさい。 （立命館宇治高）

2	(1) $x =$	(2) $x =$	(3) km	(4) m	(5) $x =$

§2. 連立方程式（出題率 **72.3%**）

1 次の方程式を解きなさい。

(1) $\begin{cases} x = 3y - 2 \\ x + 12y = 3 \end{cases}$ （姫路女学院高）

(2) $\begin{cases} 3x - 4y = -1 \\ 7x - 5y = 15 \end{cases}$ （京都橘高）

(3) $\begin{cases} \dfrac{x}{2} + \dfrac{4 - 2y}{3} = 2 \\ 2(x + y) - 3(x - 4) = 6 \end{cases}$ （開智高）

(4) $\begin{cases} 3x - 2(x + y) = 5 \\ \dfrac{x + 3}{2} + \dfrac{y - 1}{3} = 1 \end{cases}$ （大阪国際高）

(5) $\begin{cases} 0.6x - 0.2y = 1 \\ \dfrac{x}{4} - \dfrac{y}{6} = 1 \end{cases}$ （育英西高）

(6) $\begin{cases} 0.2x - \dfrac{7}{10}y = -\dfrac{8}{5} \\ \dfrac{1}{4}(x + 2) + \dfrac{1}{3}(y - 3) = -\dfrac{1}{12} \end{cases}$ （早稲田摂陵高）

(7) $3x - 2y = -x + 4y = 5$ （北海道）

(8) $3x - y + 2 = x + 2y + 1 = 5x - 6y + 7$ （金光八尾高）

1	(1)	$x =$	$y =$	(2)	$x =$	$y =$	(3)	$x =$	$y =$
	(4)	$x =$	$y =$	(5)	$x =$	$y =$	(6)	$x =$	$y =$
	(7)	$x =$	$y =$	(8)	$x =$	$y =$			

2 次の問いに答えなさい。

(1) $ax + by = 1$ において，$x = 3$ のとき $y = 7$ となり，$x = -1$ のとき $y = -3$ となる。a, b の値を求めなさい。 （初芝富田林高）

(2) 連立方程式 $\begin{cases} ax + by = -11 \\ bx - ay = -8 \end{cases}$ の解が $x = -6$, $y = 1$ であるとき，a, b の値を求めなさい。 （茨城県）

(3) x, y の連立方程式 $\begin{cases} ax + (b - 1)y = 103 \\ (2a - 5)x - by = 4 \end{cases}$ の解が $x = 2$, $y = 3$ となるとき，a, b の値を求めなさい。 （京都女高）

(4) 2つの連立方程式 $\begin{cases} 2x - y = 5 \\ ax + by = -7 \end{cases}$ と $\begin{cases} bx + ay = 8 \\ 3x + 2y = 4 \end{cases}$ が同じ解をもつとき，a, b の値をそれぞれ求めなさい。 （仁川学院高）

2	(1)	$a =$	$b =$	(2)	$a =$	$b =$	(3)	$a =$	$b =$
	(4)	$a =$	$b =$						

③ かすみさんは 1 週間に 1 回，50 円硬貨か 500 円硬貨のどちらか 1 枚を貯金箱へ入れて貯金することにしました。

　　100 回貯金を続けたところで，貯金箱を割らずに貯金した金額を調べようと考え，重さを量ったところ貯金箱全体の重さは 804g ありました。50 円硬貨 1 枚の重さは 4g で，500 円硬貨 1 枚の重さは 7g です。また，貯金箱だけの重さは 350g で，貯金を始める前の貯金箱には硬貨が入っていませんでした。

　　このとき，かすみさんが貯金した金額を求めなさい。 （岩手県）

③		円

④ 消費税 8 ％の商品 A を税込み価格 ［(a)］ 円で，消費税 10 ％の商品 B を税込み価格 ［(b)］ 円で，それぞれ現金で購入するときに支払う消費税額を計算すると，合計 60 円であった。

　　商品 A と B を，キャッシュレス決済（現金を使わない支払い方法）で購入するとき，それぞれの税込み価格に対して 5 ％分の金額が，支払い時に値引きされるお店で支払う金額を計算すると，合計 722 円であった。

　　［(a)］，［(b)］ にあてはまる数を求めなさい。 （東京都立新宿高）

④	(a)		(b)	

⑤ 男女あわせて 60 人の生徒が，5 人掛けの長いすと 4 人掛けの長いすに座ります。男子が 5 人掛けの長いす 1 脚に 5 人ずつ座ると，最後の 1 脚は 4 人だけが座ることになり，女子が 4 人掛けの長いす 1 脚に 4 人ずつ座ると，3 人が座れませんでした。5 人掛けの長いすと 4 人掛けの長いすがあわせて 13 脚あるとき，次の問いに答えなさい。 （智辯学園高）

(1) 5 人掛けの長いすの数を x 脚，4 人掛けの長いすの数を y 脚として，x と y の連立方程式をつくりなさい。

(2) 男子と女子の人数をそれぞれ求めなさい。

⑤	(1) {		(2)	男子	人
				女子	人

⑥ 去年の生徒数は男女合わせて 525 人であった。今年は去年に比べて男子が 4 ％減少し，女子が 6 ％増加したので，全体としては 4 人増加した。次の問いに答えなさい。 （神戸常盤女高）

(1) 去年の男子と女子の人数をそれぞれ x 人，y 人として，連立方程式をつくりなさい。

(2) 去年の女子の人数を求めなさい。

(3) 今年の男子の人数を求めなさい。

⑥	(1) {		(2)	人	(3)	人

7　A 地点から C 地点までの道のりは，B 地点をはさんで 13km ある。まことさんは，A 地点から B 地点までを時速 3 km で歩き，B 地点で 20 分休憩した後，B 地点から C 地点までを時速 5 km で歩いたところ，ちょうど 4 時間かかった。A 地点から B 地点までの道のりと B 地点から C 地点までの道のりを，それぞれ求めなさい。　　　　　　　　　　　　　　　　　　　（愛媛県）

7	A地点から B地点まで	km	B地点から C地点まで	km

8　長さが等しい電車 A と電車 B がある。<u>① 電車 A は長さ950mのトンネルに入り始めてから出終わるまでに 1 分かかる</u>。また，<u>② 電車 B は電車 A の1.5倍の速さで走り，電車 A と電車 B がすれ違うには，出会ってから離れるまでに10秒かかる</u>。電車の長さを x m，電車 A の速さを秒速 y m とする。電車 A と電車 B の速さが一定であるとき，次の各問いに答えなさい。　　　（九州産大付九州高）

(1)　電車 B の速さを y を用いて表しなさい。

(2)　下線①より電車 A の長さを y を用いて表しなさい。

(3)　下線②より y を x を用いて表しなさい。

(4)　電車 A の長さと電車 A の速さを求めなさい。

8	(1)	秒速	m	(2)		m	(3)		(4)	長さ		m	速さ	秒速		m

9　一の位の数が 0 でない 2 桁の自然数 A がある。A の十の位の数と一の位の数を入れかえてできる数を B とする。(1)，(2)の問いに答えなさい。　　　　　　　　　　　　　　　（奈良県）

(1)　A の十の位の数を x，一の位の数を y とするとき，B を x，y を使った式で表しなさい。

(2)　A の十の位の数は一の位の数の 2 倍であり，B は A より 36 小さい。このとき，A の値を求めなさい。

9	(1)		(2)	

10　一の位が 0 でない 2 けたの整数 A がある。次の(1)，(2)の問いに答えなさい。　　　（群馬県）

(1)　整数 A の十の位の数を a，一の位の数を b として，A を a，b を用いた式で表しなさい。

(2)　整数 A が，次の㋐，㋑をともに満たしている。このとき，㋐，㋑をもとに整数 A を求めなさい。

　㋐　A の十の位の数と一の位の数を入れ替えてできた 2 けたの整数を 2 で割ると，A より 1 だけ大きくなる。

　㋑　A の十の位の数と一の位の数を加えて 3 倍すると，A より 4 だけ小さくなる。

10	(1)		(2)	

§3．2次方程式（出題率 83.3 ％）

$\boxed{1}$　次の方程式を解きなさい。

(1)　$(x - 2)^2 = 5$　　　　　　　　　　（香川県）　(2)　$2(x + 3)^2 = 8$　　　　　　　　（大阪暁光高）

(3)　$x^2 - 13x + 22 = 0$　　　　　　（橿原学院高）　(4)　$x^2 + 4x - 12 = 0$　　　　　　（英真学園高）

(5)　$x^2 - 8x - 7 = 0$　　　　　　　　（京都府）　(6)　$x^2 - x - 1 = 0$　　　　　　　（大商学園高）

(7)　$3x^2 - 6x + 2 = 0$　　　　　（近畿大泉州高）　(8)　$x^2 + 8x + 2 = 0$　　　　　（神戸山手女高）

$\boxed{1}$	(1)	$x =$	(2)	$x =$	(3)	$x =$	(4)	$x =$
	(5)	$x =$	(6)	$x =$	(7)	$x =$	(8)	$x =$

$\boxed{2}$　次の方程式を解きなさい。

(1)　$(3x - 7)(x + 2) = 5x - 11$　　　　　　　　　　　　　　　（近大附和歌山高）

(2)　$(2x - 3)(x + 1) + (x - 2)^2 = 3$　　　　　　　　　　　　（平安女学院高）

(3)　$(2x + 3)(2x - 3) - 3(x - 2)^2 + 30 = 0$　　　　　　　　（三田学園高）

(4)　$(x - 4)^2 - 3(x - 4) + 2 = 30$　　　　　　　　　　　　（京都文教高）

(5)　$(x + 2)^2 - 6(x + 2) + 9 = 0$　　　　　　　　　　　　　　（興國高）

(6)　$(2x - 1)^2 - 4(2x - 1) + 4 = 0$　　　　　　　　　　　　（華頂女高）

$\boxed{2}$	(1)	$x =$	(2)	$x =$	(3)	$x =$	(4)	$x =$
	(5)	$x =$	(6)	$x =$				

$\boxed{3}$　次の問いに答えなさい。

(1)　解が-5，1の2つの数となる，xについての2次方程式を，1つつくりなさい。　　（群馬県）

(2)　xの2次方程式$x^2 - 4ax + a^2 = 0$の1つの解が$x = 2$のとき，aの値を求めなさい。

　　　　　　　　　　　　　　　　　　　　　　　　　　　　　　　　　　　　（福岡大附大濠高）

(3)　2次方程式$x^2 + ax + b = 0$の解が-2，5のとき，aとbの値をそれぞれ求めなさい。

　　　　　　　　　　　　　　　　　　　　　　　　　　　　　　　　　　　　（大阪成蹊女高）

(4)　2次方程式$x^2 + ax + 5 = 0$の解がともに整数となるような定数aの値をすべて求めなさい。

　　　　　　　　　　　　　　　　　　　　　　　　　　　　　　　　　　（アサンプション国際高）

(5)　二次方程式$x^2 - 4 + a(x - 2) = 0$の解が1つであるとき，aの値を求めなさい。　　（浪速高）

$\boxed{3}$	(1)		(2)	$a =$	(3)	$a =$	$b =$
	(4)	$a =$	(5)	$a =$			

4 次の問いに答えなさい。

(1) ある数 x を 2 乗してから 2 を加えたものが正しい答であるが，誤って「x に 2 を加えたもの」を 2 乗したため，正しい答より 5 だけ大きくなった。このとき，x の値を求めなさい。（京都成章高）

(2) ある正の整数 x を 2 倍して 3 を加えるところを，まちがえて 3 を加えて 2 乗したら，正しい答えよりも 83 大きくなりました。このとき x の値を求めなさい。　　　　　　　（宣真高）

(3) ある自然数 x の 2 乗から 15 を引いた数と，x を 3 倍して 3 を加えた数が等しくなるとき，自然数 x の値を求めなさい。　　　　　　　（大阪成蹊女高）

(4) 連続する 3 つの自然数がある。もっとも小さい数の 2 乗ともっとも大きい数の 2 乗の和が，中央の数の 10 倍よりも 50 大きいとき，これらの 3 つの自然数を求めなさい。　　　（金光大阪高）

(5) 連続する 4 つの自然数があり，小さい 2 数の和と大きい 2 数の和の積が 2021 になるとき，この 4 つの自然数を求めなさい。ただし，小さい 2 数とは，最も小さい数と 2 番目に小さい数のことであり，大きい 2 数とは最も大きい数と 2 番目に大きい数のことであるとします。

（大阪教大附高平野）

4	(1)		(2)		(3)		(4)	
	(5)							

5 図のように，連続する自然数をある規則にしたがって，1 番目，2 番目，3 番目，…と並べていきます。このとき，3 番目の右上すみの数は 16，左下すみの数は 10，右下すみの数は 13 です。このとき，次の問いに答えなさい。

（滝川第二高）

1番目

1	4
2	3

2番目

1	4	9
2	3	8
5	6	7

3番目

1	4	9	16
2	3	8	15
5	6	7	14
10	11	12	13

…

(1) 6 番目の右上すみにある自然数を求めなさい。

(2) n 番目の右下すみにある自然数を，n を用いてかっこを使わないで表しなさい。

(3) 右上すみにある自然数と左下すみにある自然数の和が 314 になるのは何番目か求めなさい。

5	(1)		(2)		(3)		番目

6 縦の長さと横の長さの比が 1：2 の長方形がある。この長方形の縦の長さを 2 倍，横の長さを 4 cm 短くした長方形の面積は，もとの長方形の面積より 2 cm² 大きくなった。もとの長方形の縦の長さを求めなさい。

（帝塚山学院泉ヶ丘高）

7 縦 10cm，横 20cm の長方形の紙に図のように同じ幅の色を塗ります。色が塗られていない部分の面積を紙全体の面積の 64 ％にするには，幅を何 cm に塗ればいいですか。

（上宮太子高）

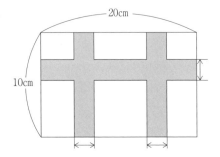

8 次図 1 は，1 辺の長さが x cm の正方形です。図 2 は，図 1 の正方形の縦を 2 cm 短くし，横を 3 cm 長くしてできる長方形です。ただし，x＞2 とします。(1)～(3)に答えなさい。　（岡山県）

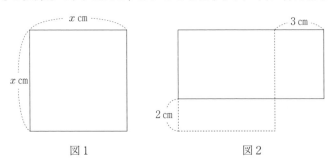

図 1　　　　　　　　　　図 2

(1) 図 2 の長方形の縦の長さを x を用いて表すとき，最も適当なのは，ア～エのうちではどれですか。一つ答えなさい。

ア　$x + 2$　　イ　$x - 2$　　ウ　$2x$　　エ　$\dfrac{x}{2}$

(2) 図 2 の長方形の周の長さが 26cm となるとき，図 1 の正方形の 1 辺の長さを求めなさい。

(3) 図 2 の長方形の面積が，図 1 の正方形の面積のちょうど半分となるとき，図 1 の正方形の 1 辺の長さを求めなさい。

8	(1)		(2)	cm	(3)	cm

出題率 数学 図 形・・・出題率グラフ

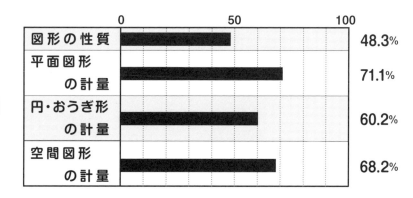

図 形

	48.3%
図形の性質	
平面図形の計量	71.1%
円・おうぎ形の計量	60.2%
空間図形の計量	68.2%

単元分類と出題率集計　　調査対象校：252校　総試験数：856試験

大単元	中単元			小単元		
	ジャンル	出題試験数	出題率(%)	ジャンル	出題試験数	出題率(%)
図形	図形の性質	413	48.3	作図	166	19.4
				図形の証明	341	39.8
	平面図形の計量	609	71.1	角度	242	28.3
				線分・線分比	213	24.9
				面積・面積比	263	30.7
	円・おうぎ形の計量	516	60.2	角度	264	30.8
				線分・面積	321	37.5
	空間図形の計量	584	68.2	直方体・立方体・柱体	154	18.0
				角すい・円すい	240	28.0
				球	73	8.5
				立体の切断	123	14.4

※中単元の集計は，一試験に重複して出題されている小単元を除外しています。
　また，小単元の項目は，本書で取り上げている内容を中心に掲載しています。

編集部メモ

◆ 空間図形は出題率上昇

　空間図形は全体として出題率が増加しており，小単元では，角すい・円すいや，立体の切断の出題が増加傾向にある。相似な立体の体積比を利用した計量問題には特に注意をしておこう。

◆ 相似，三平方の定理，円周角の定理を使いこなせるように！

　相似と三平方の定理はともに，7割以上の高校入試で解法として利用する。また，円周角の定理は，角度などを求めるだけでなく，証明問題でも利用することが多い。これらを使いこなせるかどうかが入試の大きなポイントなので，実戦的な入試問題をたくさん演習しておこう。

① 図形の性質・作図・証明

ニューウイング
出題率
48.3%

例 題 ≪作図≫

(1) 次図1で，点Aを通り直線 ℓ に垂直な直線上にあって，2点A，Bから等しい距離にある点Pを作図しなさい。

(2) 次図2で，線分BC上の点Pを通り，線分AB，BCと接する円を作図しなさい。

図1

図2

【解説】

(1) 2点A，Bから等しい距離にある点なので，

線分ABの垂直二等分線を引く。☞

次に，点Aから直線 ℓ にひいた垂線を引き，

線分ABの垂直二等分線との交点を点Pとすればよいので，次図アのようになる。

図ア
（例）

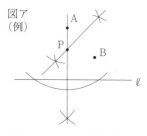

(2) 線分AB，BCと接する円の中心は，∠ABCの二等分線上にある。☞

また，作図する円は線分BCと点Pで接するので，点Pを通る線分BCの垂線上に中心がある。☞

よって，次図イのように∠ABCの二等分と点Pを通る線分BCの垂線との交点を円の中心とすればよい。

図イ
（例）

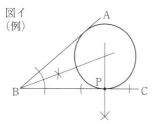

【答】 (1) 上図ア　(2) 上図イ

ポイント

2点A, Bから等しい距離にある点
⇒線分ABの垂直二等分線上の点

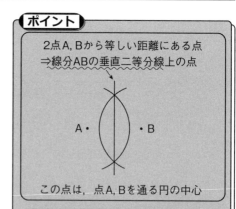

この点は，点A, Bを通る円の中心

線分AB, BCから等しい距離にある点
⇒∠ABCの二等分線上の点

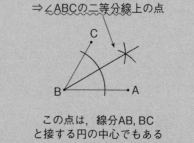

この点は，線分AB, BCと接する円の中心でもある

直線 ℓ 上で，点Aに最も近い距離にある点
⇒点Aを通る ℓ への垂線と直線 ℓ との交点

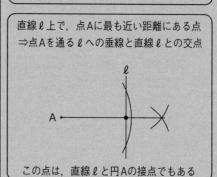

この点は，直線 ℓ と円Aの接点でもある

例題 ≪証明≫　やってみよう!!

(1)　右図のように，正方形 ABCD の辺 BC 上に点 E をとり，2 点 B，D から AE に垂線 BP，DQ を引いた。AQ = BP であることを証明しなさい。

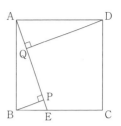

(1)　右図のように円周上に 4 点 A，B，C，D があり，弦 AC と弦 BD との交点を E とする。$\overset{\frown}{BC}=\overset{\frown}{DC}$ のとき，∠ABC = ∠BEC となることを証明しなさい。

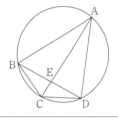

【答】

(3)　△AQD と△BPA において，

四角形 ABCD は正方形なので，

　　　AD = BA……①

仮定より，

　　　∠AQD = ∠BPA = 90°……②

△AQD において，

　　　∠ADQ = 90° − ∠QAD……③

また，

　　　∠BAP = 90° − ∠QAD……④

③，④より，

　　　∠ADQ = ∠BAP……⑤

①，②，⑤より，直角三角形の斜辺と

1 つの鋭角がそれぞれ等しいので，

　　　△AQD ≡△BPA

よって，AQ = BP　　　　【証明終】

ポイント

長さが等しいことの証明
⇒合同の利用も考えられる。

直角三角形の合同条件
①斜辺と 1 つの鋭角が等しい。
②斜辺とその他の 1 辺が等しい。

(2)　△ABC と△BEC において，

共通な角だから，

　　　∠ACB = ∠BCE……①

等しい弧に対する円周角だから，

　　　∠BAC = ∠EBC……②

①，②より，2 組の角がそれぞれ等しいから，

　　　△ABC ∽△BEC

対応する角の大きさは等しいので，

　　　∠ABC = ∠BEC　　　【証明終】

ポイント

角度が等しいことの証明
⇒合同・相似の利用も考えられる。

円周角の定理
　1 つの弧に対する円周角の大きさは一定で，その弧に対する中心角の半分である。

円周角の定理の逆
　4 点 A，B，P，Q について，2 点 P，Q が直線 AB の同じ側にあって，∠APB=∠AQB ならば，この 4 点は 1 つの円周上にある。

STEP UP

§1．作図（出題率 19.4 %）

1 右図において，点 A は直線 ℓ 上の点である。2 点 A，B から等しい距離にあり，直線 AP が直線 ℓ の垂線となる点 P を作図しなさい。

ただし，作図には定規とコンパスを使用し，作図に用いた線は残しておくこと。 （静岡県）

| 1 | 図中に記入 |

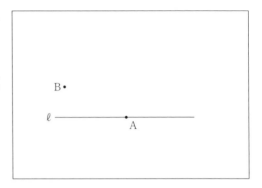

2 右図において，次の条件①，②を満たす円を作図しなさい。ただし，作図に用いた線は明確にして，消さずに残しておくこと。 （鳥取県）

条件

① 2 点 A，B を通る。
② 直線 ℓ 上に円の中心がある。

| 2 | 図中に記入 |

3 右の図のように，線分 AB と点 P がある。線分 AB 上にあり，PQ + QB = AB となる点 Q を，定規とコンパスを用いて作図しなさい。ただし，作図に使った線は消さないで残しておくこと。 （新潟県）

4 右図のような△ABC がある。2 辺 AB，AC までの距離が等しくて，点 C から最も近い距離にある点 P を，コンパスと定規を使って作図しなさい。作図に用いた線は消さずに残しておくこと。 （宮崎県）

| 4 | 図中に記入 |

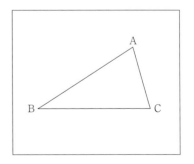

5 右図のような，三角形 ABC がある。2 辺 AB，AC から等しい距離にあり，2 点 A，B から等しい距離にある点 P を，定規とコンパスを使い，作図によって求めなさい。ただし，定規は直線をひくときに使い，長さを測ったり角度を利用したりしないこととする。なお，作図に使った線は消さずに残しておくこと。

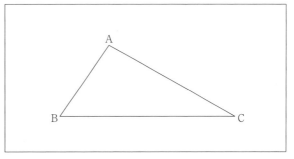

（高知県）

| 5 | 図中に記入 |

§2．証明（出題率 39.8 ％）

1 右図のように，2 つの合同な正方形 ABCD と AEFG があり，それぞれの頂点のうち頂点 A だけを共有しています。辺 BC と辺 FG は 1 点で交わっていて，その点を H とします。このとき，BH ＝ GH であることを証明しなさい。（岩手県）

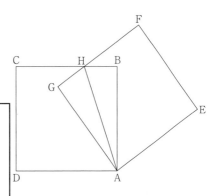

| 1 | |

2 右図のように，正方形 ABCD の辺 BC 上に点 E をとり，AE を一辺とする正方形 AEFG をとる。ただし，点 E は点 B，点 C のいずれにも一致しないものとし，辺 CD と辺 EF は交点をもつものとする。このとき，∠GDA ＝ 90°であることを証明しなさい。

（京都教大附高）

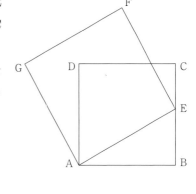

| 2 | |

3 右図において，3点 A，B，C は円 O の円周上の点であり，BC は円
　O の直径である。BC 上に CD = AC となる点 D をとり，点 B を通
　り DA に平行な直線と円 O との交点を E とする。また，CE と AD，
　AB との交点をそれぞれ F，G とする。このとき，△FCD ∽ △EBG
　であることを次のように証明した。 _____ をうめて，証明を完成させ
　なさい。　　　　　　　　　　　　　　　　　　　　　　（大阪青凌高）

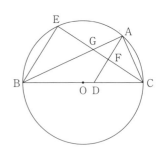

[証明]
　　　△FCD と △EBG において

　　　線分 BC は円 O の直径であるから

　　　　　　∠BEG = □ア□°……①

　　　DF ∥ BE より，同位角は等しいから

　　　　　　∠□イ□ = ∠BEG……②

　　　△ACD は CA = CD の二等辺三角形であることと，①，②より

　　　　　　∠ACF = ∠□ウ□……③

　　　$\overset{\frown}{AE}$に対する円周角は等しいので

　　　　　　∠ACF = ∠□エ□……④

　　　③，④より，　∠□ウ□ = ∠□エ□……⑤

　　　②，⑤より，　□オ□ がそれぞれ等しいから

　　　　　　△FCD ∽ △EBG

3	ア		イ		ウ		エ		オ	

4 右図のように，△ABC の辺 AB 上に点 D，辺 BC 上に点 E が
　あり，∠BAE = ∠BCD = 40° とします。線分 AE と線分 CD
　との交点を点 F とします。

　　次の問いに答えなさい。　　　　　　　　　　　　　（北海道）

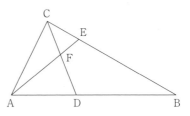

(1)　∠AFC = 115° のとき，∠ABC の大きさを求めなさい。

(2)　△ABC ∽ △EBD を証明しなさい。

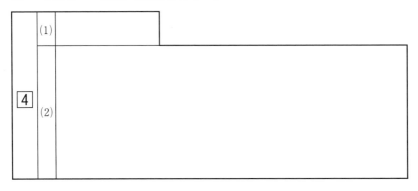

② 平面図形の計量

例題 ≪角度≫ やってみよう!!

(1) 右図で，∠x の大きさを求めなさい。ただし，$\ell \parallel m$ とする。

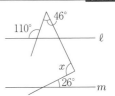

(2) 右図で，四角形 ABCD は平行四辺形である。CB = CE のとき，∠x の大きさを求めなさい。

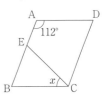

【解説】

(1) 右図のように，ℓ，m と平行な直線 n をひく。

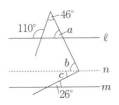

三角形の内角と外角の関係から，

∠$a = 110° - 46° = 64°$

平行線の同位角だから，∠$b = ∠a = 64°$

また，平行線の錯角だから，∠$c = 26°$

よって，∠$x = 64° + 26° = 90°$

(2) 平行四辺形のとなり合う角の和は180°だから，

∠EBC $= 180° - 112° = 68°$

△BCE は二等辺三角形だから，∠BEC $= ∠EBC = 68°$

よって，△BCE の内角の和より，

∠$x = 180° - 68° × 2 = 44°$

ポイント

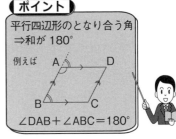

平行四辺形のとなり合う角
⇒和が180°

例えば

∠DAB＋∠ABC＝180°

【答】 (1) 90°　(2) 44°

例題 ≪線分・線分比≫ やってみよう!!

(1) 右図において，AB $\parallel$ CD $\parallel$ EF である。このとき，線分 EF の長さを求めさない。

(2) 右図のように，∠ABC $= 60°$ の平行四辺形 ABCD がある。点 A から辺 BC に下ろした垂線と辺 BC との交点を H，線分 AC と線分 DH との交点を E とする。

① 平行四辺形 ABCD の面積を求めなさい。

② 線分 EH の長さを求めなさい。

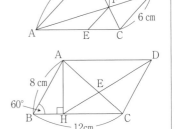

(3) 右図のように△ABCがあり，∠Aの二等分線と辺BCとの交点を
D とする。さらに，辺 AB 上に，∠BAD＝∠BDE となるように点
E をとる。このとき，線分 BE の長さを求めなさい。

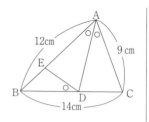

【解説】

(1) AD∥CD より，BF：CF＝AB：DC＝10：6＝5：3だから，

$$CF = \frac{3}{5}BF = 3 \text{ (cm)}$$

AB∥EF より，EF：AB＝CF：CB＝3：(3＋5)＝3：8だから，

$$EF = \frac{3}{8}AB = \frac{15}{4} \text{ (cm)}$$

(2)① △ABH は30°，60°の直角三角形だから， ☞

$$AH = \frac{\sqrt{3}}{2}AB = 4\sqrt{3} \text{ (cm)}$$

よって，平行四辺形 ABCD の面積は，

$$12 \times 4\sqrt{3} = 48\sqrt{3} \text{ (cm}^2)$$

② ∠DAH＝90°だから，三平方の定理より，

$$DH = \sqrt{AD^2 + AH^2} = \sqrt{12^2 + (4\sqrt{3})^2} = 8\sqrt{3} \text{ (cm)}$$

また，$BH = \frac{1}{2}AB = 4$ (cm)だから，

CH＝12－4＝8 (cm)

AD∥CH より，ED：EH＝AD：CH＝12：8＝3：2

よって，$EH = DH \times \frac{2}{3+2} = 8\sqrt{3} \times \frac{2}{5} = \frac{16\sqrt{3}}{5}$ (cm)

(3) 角の二等分線の性質より， ☞

BD：CD＝AB：AC＝12：9＝4：3だから，

$$BD = BC \times \frac{4}{4+3} = 14 \times \frac{4}{7} = 8 \text{ (cm)}$$

また，∠BAD＝∠BDE，∠ABD＝∠DBE より，

△ABD ∽ △DBE

よって，AB：BD＝DB：BE だから，

12：8＝8：BE より，$BE = \frac{8 \times 8}{12} = \frac{16}{3}$ (cm)

【答】
(1) $\frac{15}{4}$cm　(2)① $48\sqrt{3}$cm²　② $\frac{16\sqrt{3}}{5}$cm　(3) $\frac{16}{3}$cm

ポイント

三平方の定理

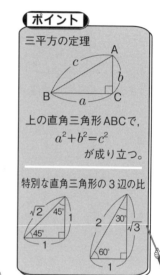

上の直角三角形 ABC で，
$a^2 + b^2 = c^2$
が成り立つ。

特別な直角三角形の3辺の比

ポイント

三角形の
　角の二等分線の性質

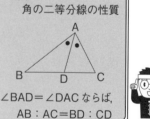

∠BAD＝∠DAC ならば，
AB：AC＝BD：CD

例 題 ≪ 面積・面積比 ≫

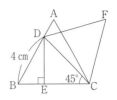

(1) 右図の△ABC は正三角形で，辺 AB 上に∠BCD = 45°となる点 D を
とると，BD = 4cm である。点 D から辺 BC に垂線 DE をひき，図のよ
うに線分 CD を 1 辺とする正三角形 CDF をつくる。

① 線分 EC の長さを求めなさい。

② △CDF の面積を求めなさい。

(2) 右図の平行四辺形 ABCD で，辺 CD を 3 等分する点を E，F，
対角線 BD と線分 AE，AF との交点をそれぞれ G，H とする。

① △ABH と△FDH の面積比を求めなさい。

② △AGH と△FDH の面積比を求めなさい。

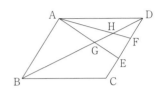

【解説】

(1)① △DBE は 30°，60°の直角三角形だから，$DE = \dfrac{\sqrt{3}}{2}DB = 2\sqrt{3}$ (cm)

△CDE は直角二等辺三角形だから，$EC = DE = 2\sqrt{3}$ cm

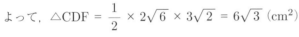 

② $DC = \sqrt{2}\,EC = 2\sqrt{6}$ (cm)より，

△CDF は 1 辺の長さが $2\sqrt{6}$ cm の正三角形。

右図のように，C から DF に垂線 CH をひくと，

△CHD は 30°，60°の直角三角形だから，$CH = \dfrac{\sqrt{3}}{2}DC = 3\sqrt{2}$ (cm)

よって，$\triangle CDF = \dfrac{1}{2} \times 2\sqrt{6} \times 3\sqrt{2} = 6\sqrt{3}$ (cm²)

(2)① AB ∥ FD より，△ABH ∽△FDH で，

相似比は，AB : FD = 3 : 1

よって，$\triangle ABH : \triangle FDH = 3^2 : 1^2 = 9 : 1$ ☞

ポイント

相似な 2 つの図形で，
相似比が $m : n$ ならば，
面積比は $m^2 : n^2$

② BD = a とおく。BH : DH = AB : FD = 3 : 1 だから，

$BH = BD \times \dfrac{3}{3 + 1} = a \times \dfrac{3}{4} = \dfrac{3}{4}a$

また，AB ∥ ED より，BG : DG = AB : ED = 3 : 2 だから，

$BG = BD \times \dfrac{3}{3 + 2} = a \times \dfrac{3}{5} = \dfrac{3}{5}a$

これより，$GH = BH - BG = \dfrac{3}{4}a - \dfrac{3}{5}a = \dfrac{3}{20}a$ だから，

$BH : GH = \dfrac{3}{4}a : \dfrac{3}{20}a = 5 : 1$

よって，△ABH : △AGH = BH : GH = 5 : 1 だから，☞

$\triangle AGH : \triangle FDH = \left(9 \times \dfrac{1}{5}\right) : 1 = 9 : 5$

ポイント

高さが等しい三角形
⇒面積比と底辺の比が
等しい

例えば

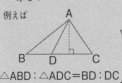

△ABD：△ADC＝BD：DC

【答】 (1) ① $2\sqrt{3}$ cm ② $6\sqrt{3}$ cm² (2) ① 9 : 1 ② 9 : 5

STEPUP

§１．角度（出題率 28.3 ％）

1 次の問いに答えなさい。

(1) 右図で，$\ell \parallel m$ のとき，$\angle x$ の大きさを求めなさい。　　（愛媛県）

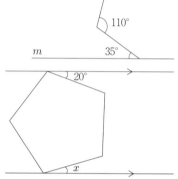

(2) 右図で，$\angle x$ の大きさを求めなさい。ただし，2 直線は平行
で，五角形は正五角形である。　　　　　　　　（開明高）

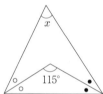

(3) 右図で，同じ記号がついた角は等しいものとする。$\angle x$ の大きさを求めな
さい。　　　　　　　　　　　　　　　　　　（金蘭会高）

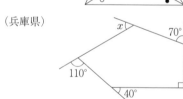

(4) 右図で，$\angle x$ の大きさは何度か，求めなさい。　　（兵庫県）

(5) 右図で，$\angle a + \angle b$ の値を求めなさい。　　（近大附和歌山高）

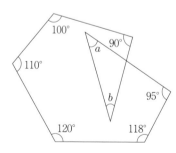

1	(1)		(2)		(3)		(4)		(5)	

§2. 線分・線分比（出題率 **24.9**％）

1 次の問いに答えなさい。

(1) 右図のように，3本の平行線と2本の直線が交わって
います。AG = 5 cm，BE = 3 cm，GD = 4 cm，EC =
9 cm とするとき，EG の長さを求めなさい。

（早稲田摂陵高）

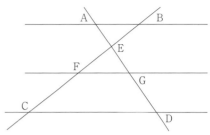

(2) 右図で，EF の長さを求めなさい。ただし，AB∥CD∥EF
とする。　　　　　　　　　　　　　（神戸常盤女高）

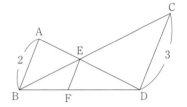

(3) 右図で，x と y の長さを求めなさい。　　（滋賀学園高）

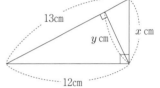

1	(1)		cm	(2)		(3)	x	cm	y	cm

2 右図で，辺 AC の長さを $12\sqrt{6}$ とするとき，次の問いに答えなさ
い。　　　　　　　　　　　　　　　（日ノ本学園高）

(1) 辺 AB の長さを求めなさい。

(2) 辺 AD の長さを求めなさい。

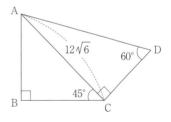

2	(1)		(2)	

3 右の図のように，1辺が1の正方形 ABCD の辺上に△DEF が正
三角形になるように2点 E，F をとる。このとき，BF の長さを求め
なさい。　　　　　　　　　　　　（東海大付大阪仰星高）

3	

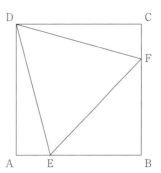

§3. 面積・面積比（出題率 30.7 ％）

1 平行四辺形 ABCD において，∠B の二等分線と辺 AD との交点を E とする。線分 BE と対角線 AC の交点を F，線分 BE の延長と辺 CD の延長とが交わる点を G とするとき，三角形 BCG は正三角形になる。各辺の長さが AB ＝ 4 cm，AD ＝ 6 cm であるとき，次の問いに答えなさい。ただし，比は最も簡単な整数比とする。　　（金光大阪高）

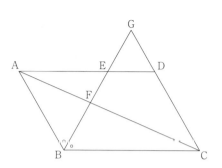

(1)　AB：CG を求めなさい。

(2)　AF：FC を求めなさい。

(3)　面積比　三角形 DEG：四角形 BCDE を求めなさい。

(4)　面積比　三角形 ABF：四角形 CDEF を求めなさい。

1	(1)		(2)		(3)		(4)	

2 右図のように，1 辺の長さがそれぞれ 6 cm，3 cm である正方形 ABCD，CEFG があり，3 点 B，C，E は一直線上にある。線分 AE と線分 BD との交点を H，線分 EG を延長した直線と線分 BD，AD との交点をそれぞれ I，J とする。このとき，次の問いに答えなさい。　　（あべの翔学高）

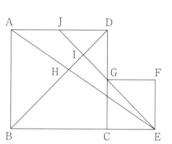

(1)　DH：HB を最も簡単な整数の比で表しなさい。

(2)　HB：IH を最も簡単な整数の比で表しなさい。

(3)　△ADH と四角形 AHIJ の面積比を最も簡単な整数の比で表しなさい。

2	(1)		(2)		(3)	

3 右図のように，AB を斜辺とする 2 つの直角三角形 ABC と ABD があり，辺 BC と AD の交点を E とする。また，BC ＝ 4 cm，EC ＝ 1 cm，∠AEC ＝ 60° とする。次の問いに答えなさい。　　（福岡大附大濠高）

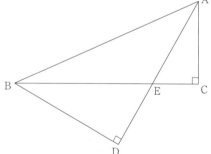

(1)　AE の長さを求めなさい。

(2)　△ABE の面積を求めなさい。

(3)　辺 AD の長さを求めなさい。

(4)　E から辺 AB に垂線をひき，その交点を F とする。このとき，EF の長さを求めなさい。

(5)　△ECF の面積を求めなさい。

3	(1)	cm	(2)	cm²	(3)	cm	(4)	cm	(5)	cm²

4　右図のように，長方形 ABCD に直角三角形 CEF が内接して
います。∠ECF = 30°，∠CFE = 90°，AE = AF = 1 のとき，
次の問いに答えなさい。　　　　　　　　　　　　（樟蔭東高）

(1)　∠CEF の大きさを求めなさい。

(2)　EF の長さを求めなさい。

(3)　CF の長さを求めなさい。

(4)　BC の長さを求めなさい。

(5)　長方形 ABCD の面積を求めなさい。

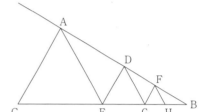

4	(1)		(2)		(3)		(4)		(5)	

5　右図は，正三角形が 3 つ接している。∠ABC = 30°，GH =
1 のとき，次の問いに答えなさい。　　　　　　　　（綾羽高）

(1)　∠FDG の大きさを求めなさい。

(2)　DG の長さを求めなさい。

(3)　△ACE の面積を求めなさい。

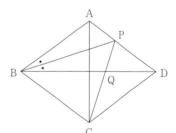

5	(1)		(2)		(3)	

6　右図のように，対角線 AC = 6，BD = 8 のひし形 ABCD があ
る。∠ABD の二等分線と AD との交点を P，PC と BD の交点を
Q とする。このとき，次の問いに答えなさい。　　（奈良大附高）

(1)　ひし形の 1 辺の長さを求めなさい。

(2)　線分 PD の長さを求めなさい。

(3)　△ABC と△CDQ の面積比を最も簡単な整数の比で表しな
さい。

6	(1)		(2)		(3)	

7 正方形 ABCD の内部に点 P を△PBC が正三角形になるように
とる。直線 AP と辺 CD の交点を Q とし，Q から線分 CP に垂
線 QH をひく。QH = 1 であるとき，次の問いに答えなさい。

（近大附高）

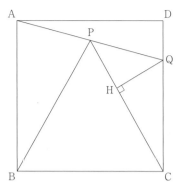

(1) ∠PAB の大きさを求めよ。

(2) 辺 BC の長さを求めよ。

(3) 線分 AP の長さを求めよ。

(4) 線分 AC と線分 BP の交点を R とするとき，線分 PR の長さ
を求めよ。

(5) △PRC の面積を求めよ。

7	(1)		(2)		(3)		(4)		(5)	

8 右図のように，AB = 10cm の長方形 ABCD があり
ます。CE を折り目として，頂点 B が辺 AD 上の点 F と
重なるように折ると，AE = 4cm となります。さらに，
BD と CF の交点を G とします。

次の問いに答えなさい。　　　　（上宮太子高）

(1) AF の長さを求めなさい。

(2) DF の長さを求めなさい。

(3) △DFG の面積を求めなさい。

(4) 四角形 BGFE の面積を求めなさい。

8	(1)	cm	(2)	cm	(3)	cm²	(4)	cm²

9 右図のような AB = AC = $2\sqrt{10}$，BC = 4 の二等辺三角形 ABC が
あり，BC の中点を M とすると AM = 6 である。辺 AC 上に∠DBC =
45°となる点 D をとり，D から辺 BC に下ろした垂線を DE とする。
また，BD を折り目として△BCD を折り返し，C が移動した点を F，
FD と AB の交点を G，FD と AM の交点を H，BD と AM の交点を
I とする。このとき，次の問いに答えなさい。　　（帝塚山学院泉ヶ丘高）

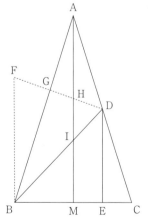

(1) DE の長さを求めなさい。

(2) HI の長さを求めなさい。

(3) FG の長さを求めなさい。

9	(1)		(2)		(3)	

3 円・おうぎ形の計量

例題

やってみよう!!

(1) 次図1の円周上の各点は，円周を10等分した点である。∠x の大きさを求めなさい。

(2) 次図2の四角形 ABCD で，∠x の大きさを求めなさい。

(3) 次図3は，半径2cm，中心角90°のおうぎ形 OAB で，C は OA の中点である。点 D は $\overset{\frown}{AB}$ 上にあり，∠OCD = 90°である。色のついた部分の面積を求めなさい。円周率は π とする。

図1
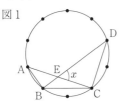

図2
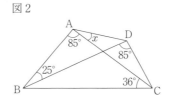

図3
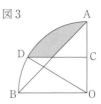

【解説】

(1) 10等分したうちの1つの弧に対する中心角は，360° ÷ 10 = 36° だから，

1つの弧に対する円周角は，$36° \times \dfrac{1}{2} = 18°$

よって，∠DBC = 18° × 2 = 36°，∠BCA = 18° だから，

△BCE の内角と外角の関係より，∠x = 36° + 18° = 54°

(2) ∠BAC = ∠BDC = 85° より，

4点 A，B，C，D は同一円周上にあるので，☞

$\overset{\frown}{AB}$ に対する円周角より，∠ADB = ∠ACB = 36°

$\overset{\frown}{AD}$ に対する円周角より，∠ACD = ∠ABD = 25°

よって，△ACD の内角の和より，

∠x = 180° − (25° + 85° + 36°) = 34°

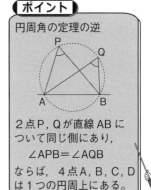

ポイント

円周角の定理の逆

2点 P，Q が直線 AB について同じ側にあり，

∠APB = ∠AQB

ならば，4点 A，B，C，D は1つの円周上にある。

(3) OD = 2 cm，$OC = \dfrac{1}{2} OA = 1$ (cm)，∠OCD = 90° より，

△OCD は30°，60°の直角三角形で，

∠DOC = 60°，$CD = \sqrt{3} OC = \sqrt{3}$ (cm)

また，△OAB は直角二等辺三角形で，∠OAB = 45° だから，

AB と CD の交点を E とすると，△CAE も AC = 1cm の直角二等辺三角形。

よって，求める面積は，

おうぎ形 OAD − △CAE − △OCD

$= \pi \times 2^2 \times \dfrac{60}{360} - \dfrac{1}{2} \times 1 \times 1 - \dfrac{1}{2} \times 1 \times \sqrt{3}$

$= \dfrac{2}{3} \pi - \dfrac{1}{2} - \dfrac{\sqrt{3}}{2}$

【答】

(1) 54°　(2) 34°　(3) $\dfrac{2}{3} \pi - \dfrac{1}{2} - \dfrac{\sqrt{3}}{2}$ (cm²)

STEP UP

1 次の問いに答えなさい。

(1) 右図で，4点 A，B，C，D が円周上にあるとき，∠x の大きさを求めなさい。　　　　　　　　　　　　　　　　　　（沖縄県）

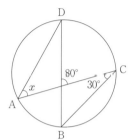

(2) 右図のような，中心が O である円周上に5点 A，B，C，D，E があります。∠AEB = 22°，∠BOC = 76°であるとき，∠ADC の大きさを求めなさい。　　　　　　　　　　　　　（光泉カトリック高）

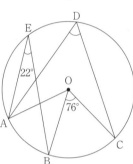

(3) 右図で，∠x の大きさを求めなさい。　　　（太成学院大高）

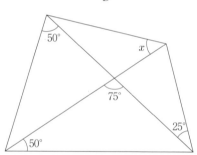

(4) 右図で，∠x の大きさを求めなさい。　　　（京都光華高）

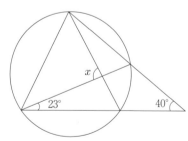

| 1 | (1) | | (2) | | (3) | | (4) | |

2 次の問いに答えなさい。

(1) 右図は 1 辺 2 cm の正方形の中に入ったおうぎ形と半円を組み合わせた図形である。斜線部分の面積を求めなさい。　　　　　（樟蔭高）

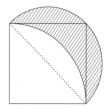

(2) 半径 10cm，中心角 90° のおうぎ形 OAB があります。斜線の部分は点 B を点 O に合わせるように折り曲げるとちょうど重なります。斜線の部分の面積を求めなさい。　　　　　（桃山学院高）

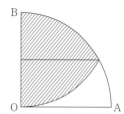

2	(1)		cm²	(2)		cm²

3 次の問いに答えなさい。

(1) 右図で，点 O は円の中心である。この円の半径を求めなさい。

　　　　　（関西大倉高）

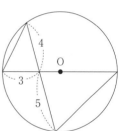

(2) 右図のように，∠A ＝ ∠B ＝ 90° の四角形 ABCD と辺 AB を直径とする半径 3 cm の半円が辺 CD と接している。辺 AD の長さが 2 cm のとき，辺 BC の長さを求めなさい。　　　　　（福岡大附大濠高）

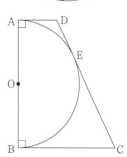

(3) 右図において，直線 AB，AD は，ともに円 O の接線であり，点 B，D は接点とする。また，線分 CD は円 O の直径である。このとき，四角形 ABCD の面積を求めなさい。　　　　　（西南学院高）

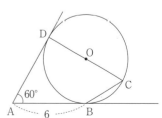

3	(1)		(2)		cm	(3)	

4 右図で，C，D は線分 AB を直径とする円 O の周上の点であ
り，E は直線 AB と DC との交点で，DC ＝ CE，AO ＝ BE
である。円 O の半径が 4 cm のとき，次の(1)，(2)の問いに答え
なさい。 （愛知県）

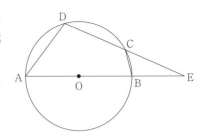

(1) △CBE の面積は，四角形 ABCD の面積の何倍か，求めな
さい。

(2) 線分 AD の長さは何 cm か，求めなさい。

4	(1)	倍	(2)	cm

5 右図のように，円 O 上に 4 点 A，B，C，D がある。△ABC において，点
A から辺 BC に引いた垂線と点 C から辺 AB に引いた垂線の交点を H とす
る。辺 BC の中点を M とし，線分 BD は円 O の直径とする。

BC ＝ 8 cm，CD ＝ 6 cm のとき，次の問いに答えなさい。 （福岡大附若葉高）

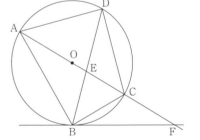

(1) 円 O の半径を求めなさい。

(2) 線分 OH と線分 AM の交点を G とする。線分 OG と線分 GH の長さの比 OG：GH を求めなさい。

(3) △ABC と△GCM の面積比を求めなさい。

5	(1)	cm	(2)		(3)	

6 右図のように，円 O の周上の 4 点 A，B，C，D を頂点とす
る四角形 ABCD があり，線分 AC は円 O の直径である。また，
線分 AC と線分 BD の交点を E とする。

さらに，点 B を通る円 O の接線をひき，線分 AC を延長した
直線との交点を F とする。

次の(1)，(2)の問いに答えなさい。 （大分県）

(1) △EAD ∽△EBC であることを証明しなさい。

(2) DA ＝ DC，BC ＝ 2 cm，∠AFB ＝ 30° とする。次の①，②の問いに答えなさい。

① 線分 OC の長さを求めなさい。

② 線分 ED の長さを求めなさい。

例題 やってみよう!!

(1) 右図の半径 $3\,\mathrm{cm}$，中心角 $90°$ のおうぎ形 OAB を，直線 OA を軸として 1 回転させてできる立体の体積と表面積を求めなさい。円周率は π とする。

(2) 右図の円錐 P で，母線 OA の長さは $9\,\mathrm{cm}$，底面の半径は $6\,\mathrm{cm}$ である。点 B は，線分 OA 上の OB $= 3\,\mathrm{cm}$ となる点で，立体 R は，円錐 P を，点 B を通り底面に平行な平面で切り，上部の円錐 Q を取り除いたものである。次の問いに答えなさい。円周率は π とする。

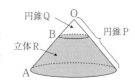

　① 立体 R の体積は，円錐 P の体積の何倍か，求めなさい。

　② 立体 R の表面積を求めなさい。

(3) 右図のように 1 辺が $6\,\mathrm{cm}$ の立方体 ABCD—EFGH があり，辺 AB の中点を I とする。

　① 三角錐 F—BCI の体積を求めなさい。

　② △CIF の面積を求めなさい。

　③ 頂点 B から平面 CIF にひいた垂線の長さを求めなさい。

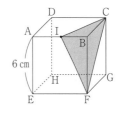

【解説】

(1) できる立体は，右図のような半径 $3\,\mathrm{cm}$ の半球なので，

体積は，$\left(\dfrac{4}{3} \times \pi \times 3^3\right) \times \dfrac{1}{2} = 18\pi\ (\mathrm{cm}^3)$

また，表面積のうち，曲面の部分の面積は，　☞

$(4 \times \pi \times 3^2) \times \dfrac{1}{2} = 18\pi\ (\mathrm{cm}^2)$ で，

円の部分は，$\pi \times 3^2 = 9\pi\ (\mathrm{cm}^2)$

よって，求める表面積は，$18\pi + 9\pi = 27\pi\ (\mathrm{cm}^2)$

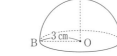

ポイント

球の半径を r とすると

$$表面積 = 4\pi r^2$$
$$体積 = \dfrac{4}{3}\pi r^3$$

(2)① 円錐 P と円錐 Q の相似比は，

OA : OB $= 9 : 3 = 3 : 1$ だから，

体積比は，$3^3 : 1^3 = 27 : 1$　☞

よって，立体 R と円錐 P の体積比は，

$(27 - 1) : 27 = 26 : 27$ だから，

立体 R の体積は円錐 P の体積の $\dfrac{26}{27}$ 倍。

ポイント

相似な 2 つの立体で，

相似比が $m : n$ ならば，

体積比は $m^3 : n^3$

② 円錐 Q の底面の円の半径は，$6 \times \dfrac{1}{3} = 2$ (cm)だから，

立体 R の上面の円の面積は，$\pi \times 2^2 = 4\pi$ (cm²)

また，立体 R の下面の円の面積は，$\pi \times 6^2 = 36\pi$ (cm²)

次に，円錐 P の側面積は，$\pi \times 9^2 \times \dfrac{2\pi \times 6}{2\pi \times 9} = 54\pi$ (cm²)

円錐 Q の側面積は，$\pi \times 3^2 \times \dfrac{2\pi \times 2}{2\pi \times 3} = 6\pi$ (cm²)

これより，立体 R の側面積は，$54\pi - 6\pi = 48\pi$ (cm²)

よって，立体 R の表面積は，$4\pi + 36\pi + 48\pi = 88\pi$ (cm²)

(3)① $\mathrm{BI} = 6 \times \dfrac{1}{2} = 3$ (cm)より，$\triangle \mathrm{BCI} = \dfrac{1}{2} \times 6 \times 3 = 9$ (cm²)

よって，三角錐 F—BCI の体積は，

$\dfrac{1}{3} \times \triangle \mathrm{BCI} \times \mathrm{BF} = \dfrac{1}{3} \times 9 \times 6 = 18$ (cm³)

② $\triangle \mathrm{BCF}$ は直角二等辺三角形だから，$\mathrm{CF} = \sqrt{2}\,\mathrm{BC} = 6\sqrt{2}$ (cm)

また，$\triangle \mathrm{BCI}$ で三平方の定理より，$\mathrm{CI} = \sqrt{6^2 + 3^2} = 3\sqrt{5}$ (cm)，

$\triangle \mathrm{BFI}$ でも同様に，$\mathrm{FI} = 3\sqrt{5}\,\mathrm{cm}$ とわかる。

$\triangle \mathrm{CIF}$ が $\mathrm{CI} = \mathrm{FI}$ の二等辺三角形だから，

右図のように点 I から CF に垂線をひき交点を M とすると，

M は CF の中点で，$\mathrm{IM} \perp \mathrm{CF}$

$\mathrm{CM} = \dfrac{1}{2}\mathrm{CF} = 3\sqrt{2}$ (cm)だから，

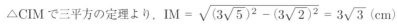

$\triangle \mathrm{CIM}$ で三平方の定理より，$\mathrm{IM} = \sqrt{(3\sqrt{5})^2 - (3\sqrt{2})^2} = 3\sqrt{3}$ (cm)

よって，$\triangle \mathrm{CIF} = \dfrac{1}{2} \times \mathrm{CF} \times \mathrm{IM} = \dfrac{1}{2} \times 6\sqrt{2} \times 3\sqrt{3} = 9\sqrt{6}$ (cm²)

③ 求める長さを h cm とする。

三角錐 F—BCI で底面を $\triangle \mathrm{CIF}$ とすると，

体積について，$\dfrac{1}{3} \times 9\sqrt{6} \times h = 18$ が成り立つ。

これを解いて，$h = \sqrt{6}$

ポイント

立体の体積と底面積を利用して，点と平面との距離(高さ)を求める。

【答】 (1)(体積) 18π cm³　(表面積) 27π cm²　(2)① $\dfrac{26}{27}$ 倍　② 88π cm²

(3)① 18 cm³　② $9\sqrt{6}$ cm²　③ $\sqrt{6}$ cm

STEP UP

1　右の図は，1辺が5cmの立方体である。

　次の(1)～(3)に答えなさい。　　　　　　　　　（和歌山県）

(1)　辺 AB と垂直な面を1つ答えなさい。

(2)　辺 AD とねじれの位置にある辺はいくつあるか，答えなさい。

(3)　2点 G，H を結んでできる直線 GH と，点 A との距離を求めなさい。

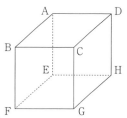

1	(1)	面	(2)		本	(3)		cm

2　右図のような直方体 ABCD—EFGH がある。各辺の長さが AB = AD = 4 cm，AE = 12cm であるとき，次の問いに答えなさい。

（金光大阪高）

(1)　線分 AF の長さを求めなさい。

(2)　三角形 AFH の面積を求めなさい。

(3)　三角錐 AEFH の体積を求めなさい。

(4)　三角錐 AEFH で，三角形 AFH を底面としたときの高さを求めなさい。

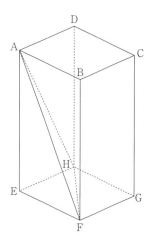

2	(1)		cm	(2)		cm²	(3)		cm³	(4)		cm

3　右図のような頂角30°，頂角をはさむ2辺の長さが2cmの二等辺三角形を4枚貼り合わせて正四角すいを作る。このとき，次の問いに答えなさい。　　　　　　　　（樟蔭高）

(1)　側面の二等辺三角形1つの面積を求めなさい。

(2)　正四角すいの底面にある頂点の1つを A とする。点 A から正四角すいの側面を通ってぐるっと一周ひもをまわす。途中でたるみのないようにひもをぴんと張るとき，最短のひもの長さを求めなさい。

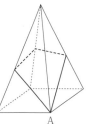

3	(1)		cm²	(2)		cm

4 右図のように，底面の半径が 4 cm，高さが $2\sqrt{5}$ cm の円錐が
ある。この円錐の頂点を A，底面の中心を O，底面の直径を線分
BC，線分 AB の中点を P とする。このとき，次の問いに答えなさ
い。ただし，円周率を π とする。　　　　　　　　（大阪産業大附高）

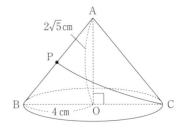

(1)　この立体の体積を求めなさい。

(2)　線分 AB の長さを求めなさい。

(3)　この立体の表面積を求めなさい。

(4)　この立体の側面上で P から C までの最短の長さを求めなさい。

4	(1)	cm³	(2)	cm	(3)	cm²	(4)	cm

5 相似な 2 つの立体 F，G がある。F と G の相似比が 3：5 であり，
F の体積が 81π cm³ のとき，G の体積を求めなさい。　　　（佐賀県）

F　　　　　G

5	cm³

6 右図のように，円錐の高さを 3 等分する点を P，Q とする。点 O は円
錐の底面の円の中心である。点 P，Q を通り底面に平行な 2 つの面で，
この立体を 3 つの部分に分け，それぞれを立体 A，B，C とする。次の
問いに答えなさい。ただし，円周率は π とする。　　（大阪産業大附高）

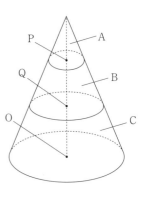

(1)　円 P と円 O の半径の比を求めなさい。

(2)　円 Q と円 O の面積比を求めなさい。

(3)　立体 A と立体 B の体積の和が 25π cm³ であるとき，立体 C の体積
　　を求めなさい。

(4)　立体 B の体積が 25π cm³ であるとき，立体 C の体積を求めなさい。

6	(1)		(2)		(3)	cm³	(4)	cm³

7 　右の図1のように，三角柱 ABC—DEF があり，AB = 4 cm，

BC = 6 cm，BE = 5 cm，∠BAC = 90°である。

〔図1〕

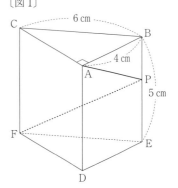

辺 BE 上に，線分 AP と線分 PF の長さの和 AP + PF がもっと

も短くなるように点 P をとる。

次の(1)〜(3)の問いに答えなさい。　　　　　　　　（大分県）

(1)　辺 AC の長さを求めなさい。

(2)　線分 AP の長さを求めなさい。

(3)　右の図2のように，三角錐 ADPC と三角錐 ADPF について考

える。

〔図2〕

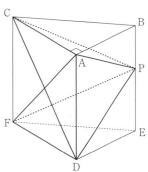

次の①，②の問いに答えなさい。

①　△AFP の面積を求めなさい。

②　三角錐 ADPC において，△APC を底面としたときの高さを

a cm とする。また，三角錐 ADPF において，△AFP を底面と

したときの高さを b cm とする。

$\dfrac{a}{b}$ の値を求めなさい。

7	(1)	cm	(2)	cm	(3)①	cm²	②	

8 　右図のように，1辺6cmの立方体 ABCD—EFGH があ

ります。辺 AB，AD の中点をそれぞれ P，Q とします。こ

の立方体を3点 P，Q，G を通る平面で切るとき，この平

面と辺 BF，DH の交点をそれぞれ R，S とします。このと

き，次の問いに答えなさい。　　　　　　　　（清教学園高）

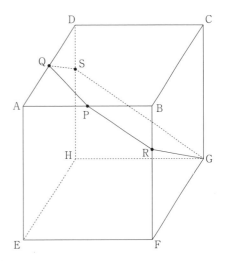

(1)　線分 PQ の長さを求めなさい。

(2)　線分 GR の長さを求めなさい。

(3)　△GSR の面積を求めなさい。

(4)　五角形 QPRGS の面積を求めなさい。

8	(1)	cm	(2)	cm	(3)	cm²	(4)	cm²

9 　半径 3 cm の球を中心から 2 cm の距離にある平面で切ったような容器を考える。このとき，以下の問いに答えなさい。ただし，円周率は π とする。(滝川高)

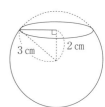

(1)　切り口の面積 S を求めなさい。

(2)　この容器を水平な机の上に置いて，水を容器いっぱいに入れてから，右図のように，一定方向に静かに傾けながら水の一部を流す。水面の面積が，面積 S の $\frac{1}{5}$ になったところで傾けるのを止めた。水面の半径 r を求めなさい。

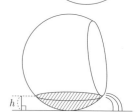

(3)　(2)のとき，水面の机からの高さ h を求めなさい。

9	(1)	cm²	(2)	cm	(3)	cm

10 　右図のように，AB $= \sqrt{10}$，1 辺の長さが $\sqrt{2}$ の正方形 BCDE を底面とする正四角すいがあります。このとき，次の各問いに答えなさい。 (常翔学園高)

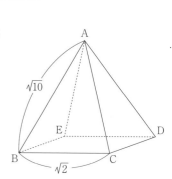

(1)　頂点 A から正方形 BCDE に垂線を下ろし，その交点を H とします。線分 AH の長さを求めなさい。

(2)　三角形 ABD の面積を求めなさい。

(3)　正四角すい A―BCDE の体積を求めなさい。

(4)　正四角すい A―BCDE の各頂点に接する球について，球の体積を求めなさい。ただし，このとき球の中心は線分 AH 上にあります。

10	(1)	(2)	(3)	(4)

11 　右図のように，1 辺の長さが 12cm の立方体 ABCD―EFGH の中に，2 つの球が入っている。大きい球は，立方体のすべての面に接している。また，小さい球は，大きい球と立方体の 3 つの面 AEHD，AEFB，EFGH に接している。このとき次の問いに答えなさい。 (奈良学園高)

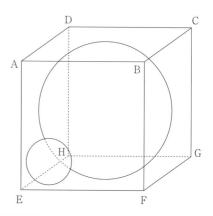

(1)　EC の長さを求めなさい。

(2)　2 つの球の接する点を Q とするとき，EQ の長さを求めなさい。

(3)　(2)の点 Q に対して，四面体 QEFH の体積を求めなさい。

11	(1)	cm	(2)	cm	(3)	cm³

出題率 数学 関数・データの活用 ・・・出題率グラフ

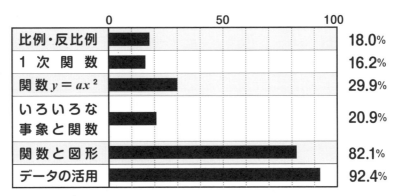

関数・
データ
の活用

		0	50	100	
比例・反比例					18.0%
1 次 関 数					16.2%
関数 $y = ax^2$					29.9%
いろいろな 事 象 と 関 数					20.9%
関 数 と 図 形					82.1%
データの活用					92.4%

単元分類と出題率集計　　　調査対象校：252 校　　総試験数：856 試験

大単元	中単元			小単元		
	ジャンル	出題試験数	出題率(%)	ジャンル	出題試験数	出題率(%)
関数・データの活用	比例・反比例	154	18.0			
	1 次関数	139	16.2			
	関数 $y = ax^2$	256	29.9			
	いろいろな事象と関数	179	20.9	点・図形の移動	67	7.8
				速さの変化	49	5.7
				プランの比較	27	3.1
	関数と図形	703	82.1	面積・面積比	260	30.4
				条件による座標・定数の決定	194	22.7
				2 等分・等積変形	201	23.5
				空間図形への応用	74	8.6
	データの活用	791	92.4	場合の数・確率	759	88.7
				資料の活用	416	48.6

※中単元の集計は，一試験に重複して出題されている小単元を除外しています。
　また，小単元の項目は，本書で取り上げている内容を中心に掲載しています。

編集部メモ

◆ **関数と図形，確率に要注意！**

　　関数と図形，確率の単元はともに出題率が 80％を超え，かなりの頻度で出題されている。特に関数と図形の問題は大問での出題がほとんどなので，得点に大きな差がつく単元だ。しっかりと練習しておこう。

◆ **統計・資料は出題率上昇**

　　出題率の増加が目立つのが統計・資料の問題で，特に公立高校入試における出題率が高い。箱ひげ図や累積度数，累積相対度数などの内容が加わったこともあり，大問での出題も目立ち，思考力を要する問題のバリエーションも増えてきている。様々なタイプの問題にふれておこう。

① 関 数

例題 ≪比例・反比例≫

(1) y は x に比例し，$x = -12$ のとき $y = 8$ である。$x = 9$ のときの y の値を求めなさい。

(2) y は x に反比例し，$x = -2$ のとき $y = 12$ である。$x = -3$ のときの y の値を求めなさい。

(3) y は x に反比例し，x の変域が $2 \leqq x \leqq 4$ のとき，y の変域は，$1 \leqq y \leqq b$ である。このとき，b の値を求めなさい。

(4) 関数 $y = -\dfrac{60}{x}$ のグラフ上の点で，x 座標と y 座標がともに整数である点の個数を求めなさい。

【解説】

(1) 比例の式を $y = ax$ とおき，$x = -12$，$y = 8$ を代入して，$8 = a \times (-12)$ より，$a = -\dfrac{2}{3}$

$y = -\dfrac{2}{3}x$ に $x = 9$ を代入して，$y = -\dfrac{2}{3} \times 9 = -6$

(2) 反比例の式を $y = \dfrac{a}{x}$ とおくと，$a = xy$ だから，

$x = -2$，$y = 12$ を代入して，$a = (-2) \times 12 = -24$

よって，$x = -3$ のとき，$y = \dfrac{-24}{-3} = 8$

(3) グラフは右図のようになり，$x = 4$ のとき $y = 1$

よって，式は $y = \dfrac{4}{x}$ だから，

$x = 2$ のとき，$y = \dfrac{4}{2} = 2$　つまり，$b = 2$

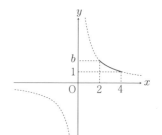

(4) 60 の約数は，

1, 2, 3, 4, 5, 6, 10, 12, 15, 20, 30, 60 の 12 個だから，

x 座標がこのいずれかであれば，y 座標も整数になる。

また，この 12 個の値が負の数である場合も考えられる。

よって，全部で，$12 \times 2 = 24$（個）

【答】 (1) $y = -6$　(2) $y = 8$　(3) $b = 2$　(4) 24 個

例題 ≪1次関数≫

(1) 2 点 $(-3, 1)$，$(1, 9)$ を通る直線の式を求めなさい。

(2) 直線 $y = 2x + 3$ に平行で，点 $(4, -1)$ を通る直線の式を求めなさい。

(3) 1 次関数 $y = ax + b \ (a < 0)$ において，x の変域が $-1 \leqq x \leqq 2$ のとき y の変域が $-4 \leqq y \leqq 5$ である。a，b の値をそれぞれ求めなさい。

(4) 3 点 P $(-2, -11)$，Q $(4, 13)$，R $(2, a)$ が一直線上にあるとき，a の値を求めなさい。

【解説】

(1)　傾きが, $\dfrac{9-1}{1-(-3)} = 2$ だから,

　　求める式を $y = 2x + b$ とおき, $x = 1$, $y = 9$ を代入して,

　　$9 = 2 \times 1 + b$ より, $b = 7$

　　よって, $y = 2x + 7$

(2)　$y = 2x + 3$ に平行だから, 求める直線の傾きも 2。☞

　　これより, 求める式を $y = 2x + b$ とおいて,

　　$x = 4$, $y = -1$ を代入すると,

　　$-1 = 2 \times 4 + b$ より, $b = -9$

　　よって, $y = 2x - 9$

ポイント

２直線が平行
⇒２直線の傾きが等しい

(3)　$a < 0$ だから, 右図のように,

　　$x = -1$ のとき $y = 5$, $x = 2$ のとき $y = -4$

　　よって, $a = \dfrac{-4-5}{2-(-1)} = -3$

　　さらに, $y = -3x + b$ に, $x = -1$, $y = 5$ を代入して,

　　$5 = -3 \times (-1) + b$ より, $b = 2$

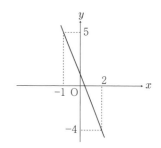

(4)　2点 P, Q の座標より, 3点 P, Q, R を通る直線の傾きは, $\dfrac{13-(-11)}{4-(-2)} = 4$

　　この直線の式を $y = 4x + b$ とおき, $x = 4$, $y = 13$ を代入して,

　　$13 = 4 \times 4 + b$ より, $b = -3$

　　よって, $y = 4x - 3$ に, $x = 2$, $y = a$ を代入して,

　　$a = 4 \times 2 - 3$ より, $a = 5$

【答】　(1) $y = 2x + 7$　(2) $y = 2x - 9$　(3) $a = -3$, $b = 2$　(4) $a = 5$

例 題　≪ 関数 $y = ax^2$ ≫

(1)　y は x の 2 乗に比例し, $x = 6$ のとき $y = 6$ である。$x = -4$ のときの y の値を求めなさい。

(2)　関数 $y = -\dfrac{1}{2}x^2$ において, x の変域が $-4 \leqq x \leqq 2$ であるとき, y の変域を求めなさい。

(3)　関数 $y = 2x^2$ において, x の変域が $-1 \leqq x \leqq a$ のとき, y の変域が $b \leqq y \leqq 32$ である。

　　a, b の値をそれぞれ求めなさい。

(4)　関数 $y = ax^2$ と $y = 2x$ において, x の値が 1 から 4 まで増加するときの変化の割合が等し

　　い。このとき, a の値を求めなさい。

(5) 右図のように関数 $y = x^2$ のグラフ上に2点 A，B があり，直線 AB の式は $y = 3x + 18$ である。さらに，y 軸と平行な直線 ℓ が，線分 AB と交わる点を P，関数 $y = x^2$ と交わる点を Q，x 軸と交わる点を R とし，点 P の x 座標を m とする。このとき，PQ = QR となる m の値を求めなさい。ただし，$m > 0$ とする。

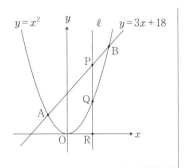

【解説】

(1) $y = ax^2$ とおいて，$x = 6$，$y = 6$ を代入すると，$6 = a \times 6^2$ より，$a = \dfrac{1}{6}$

$y = \dfrac{1}{6}x^2$ に $x = -4$ を代入して，$y = \dfrac{1}{6} \times (-4)^2 = \dfrac{8}{3}$

(2) $x = 0$ のとき $y = 0$ で最大値，　☞

$x = -4$ のとき，$y = -\dfrac{1}{2} \times (-4)^2 = -8$ で最小値をとる。

よって，$-8 \leqq y \leqq 0$

ポイント

$y = ax^2$ について，
x の変域に 0 が含まれるとき，

① $a > 0$ の場合，
　y の値の最小値が 0

② $a < 0$ の場合，
　y の値の最大値が 0

(3) $x = -1$ のとき，$y = 2 \times (-1)^2 = 2$ なので，

y の値が最大値の 32 となるのは，$x = a$ のときとわかる。

よって，$32 = 2 \times a^2$ より，$a^2 = 16$ となり，$a = \pm 4$

$a \geqq -1$ だから，$a = 4$

また，$x = 0$ のとき，y の値は最小値の 0 となるので，$b = 0$

(4) $y = ax^2$ において，$x = 1$ のとき，$y = a \times 1^2 = a$，

$x = 4$ のとき，$y = a \times 4^2 = 16a$ だから，

x の値が 1 から 4 まで増加するときの変化の割合は，$\dfrac{16a - a}{4 - 1} = 5a$

また，$y = 2x$ の変化の割合は 2 で一定。

よって，$5a = 2$ が成り立つから，$a = \dfrac{2}{5}$

(5) 点 P の y 座標は $3m + 18$，点 Q の y 座標は m^2 と表せるから，

$PQ = (3m + 18) - m^2 = -m^2 + 3m + 18$

よって，PQ = QR のとき，$-m^2 + 3m + 18 = m^2$ が成り立つ。

整理して，$2m^2 - 3m - 18 = 0$

解の公式より，$m = \dfrac{-(-3) \pm \sqrt{(-3)^2 - 4 \times 2 \times (-18)}}{2 \times 2} = \dfrac{3 \pm \sqrt{153}}{4} = \dfrac{3 \pm 3\sqrt{17}}{4}$

$m > 0$ だから，$m = \dfrac{3 + 3\sqrt{17}}{4}$

【答】 (1) $y = \dfrac{8}{3}$　(2) $-8 \leqq y \leqq 0$　(3) $a = 4$，$b = 0$　(4) $a = \dfrac{2}{5}$　(5) $m = \dfrac{3 + 3\sqrt{17}}{4}$

例題　≪いろいろな事象と関数≫

　AB = 4 cm，AD = 8 cm の長方形 ABCD があります。点 P は毎秒 1 cm の速さで AD 上を A から D まで動き，D で止まります。点 Q は毎秒 1 cm の速さで長方形の周上を A から B，C を通って D まで動き，D で止まります。2 点 P，Q が同時に A を出発してから x 秒後の△APQ の面積を y cm^2 とするとき，次の問いに答えなさい。

(1)　7 秒後の△APQ の面積を求めなさい。

(2)　x の変域が $0 \leqq x \leqq 16$ のとき，y を x の関数として表したグラフを書きなさい。

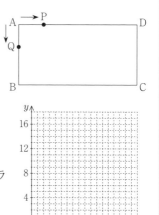

【解説】

(1)　出発してから 7 秒後には，AP = 7 cm となる。

　　点 Q は BC 上にあるから，$\triangle APQ = \dfrac{1}{2} \times AP \times AB = \dfrac{1}{2} \times 7 \times 4 = 14$ (cm^2)

(2)(i) $0 \leqq x \leqq 4$ のとき，点 P は AD 上，点 Q は AB 上にあり，

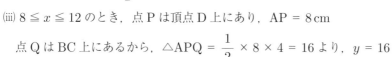

　　AP = AQ = x cm だから，

　　$y = \dfrac{1}{2} \times AP \times AQ = \dfrac{1}{2} \times x \times x = \dfrac{1}{2} x^2$

(ii) $4 \leqq x \leqq 8$ のとき，点 P は AD 上にあり，AP = x cm

　　点 Q は BC 上にあり，AP を底辺としたときの高さは 4 cm で一定。

　　よって，$\triangle APQ = \dfrac{1}{2} \times AP \times 4 = 2AP$ より，$y = 2x$

(iii) $8 \leqq x \leqq 12$ のとき，点 P は頂点 D 上にあり，AP = 8 cm

　　点 Q は BC 上にあるから，$\triangle APQ = \dfrac{1}{2} \times 8 \times 4 = 16$ より，$y = 16$

(iv) $12 \leqq x \leqq 16$ のとき，点 P は頂点 D 上にあり，AP = 8 cm

　　また，点 Q は CD 上にある。

　　AB + BC + CD = 16 cm で，点 Q が A から動いた長さは x cm だから，

　　QD = $16 - x$ (cm)

　　よって，$\triangle APQ = \dfrac{1}{2} \times AP \times QD$ より，$y = \dfrac{1}{2} \times 8 \times (16 - x) = -4x + 64$

　以上，(i)～(iv)より，上図のようにグラフを書けばよい。

【答】　(1) 14 cm^2　(2) 上図

STEP**UP**

§1. 比例・反比例（出題率 **18.0**％）

1 次の問いに答えなさい。

(1) y は x に比例し，$x = 3$ のとき $y = -6$ である。このとき，y を x の式で表しなさい。

(東海大付福岡高)

(2) y は x に反比例し，$x = 2$ のとき，$y = 4$ である。このとき，y を x の式で表しなさい。 (秋田県)

(3) y は x に比例し，$x = -3$ のとき，$y = 18$ である。$x = \dfrac{1}{2}$ のときの y の値を求めなさい。

(青森県)

(4) y は x に反比例し，$x = 8$ のとき $y = 3$ である。$x = \dfrac{1}{10}$ のときの y の値を求めなさい。

(東京工大附科学技術高)

(5) 反比例 $y = \dfrac{6}{x}$ で，x の値が -6 から -2 まで増加するときの変化の割合を求めなさい。

(筑陽学園高)

(6) y は x に反比例し，x が 1 から 6 まで増加したときの変化の割合が -2 である。このとき，y を x の式で表しなさい。 (神戸龍谷高)

1	(1)		(2)		(3) $y =$		(4) $y =$		(5)	
	(6)									

2 次の問いに答えなさい。

(1) 関数 $y = -\dfrac{1}{2}x$ について，x の変域が $-4 \leqq x \leqq 6$ のときの y の変域を求めなさい。

(福岡大附若葉高)

(2) 関数 $y = \dfrac{36}{x}$ で x の変域を $2 \leqq x \leqq 3$ とするとき，y の変域を求めなさい。 (育英高)

(3) 関数 $y = \dfrac{12}{x}$ のグラフ上に，x 座標と y 座標がともに正の整数となる点は全部でいくつあるか答えなさい。 (九州国際大付高)

(4) y が x に反比例し，$x = \dfrac{4}{5}$ のとき $y = 15$ である関数のグラフ上の点で，x 座標と y 座標がともに正の整数となる点は何個あるか，求めなさい。 (愛知県)

2	(1)		(2)		(3)	個	(4)	個

§2.　1次関数（出題率 **16.2 %**）

1　次の問いに答えなさい。

(1)　y が x の 1 次関数であり，そのグラフの傾きが 2 で，点 $(-3, -1)$ を通るとき，この 1 次関数の式を求めなさい。　　　　　　　　　　　　　　　　　　　　　　　（群馬県）

(2)　2 点 $(-2, 9)$，$(5, 2)$ を通る一次関数を求めなさい。　　　　　　　　　　　（京都西山高）

(3)　直線 $y = -2x + 3$ と平行で，点 $(-1, 2)$ を通る直線の式を求めなさい。　　（中村学園女高）

(4)　2 直線 $y = 3x - 5$，$y = -2x + 5$ の交点の座標を求めなさい。　　　　　　　（愛知県）

(5)　2 直線 $y = -x + 3$ と $y = 2x - 6$ の交点の座標を求めなさい。　　　　　（滋賀学園高）

1	(1)		(2)		(3)		(4)	(　　，　　)	(5)	(　　，　　)

2　次の問いに答えなさい。

(1)　A は 2 点 $(-3, -8)$，$(1, 4)$ を通る直線上の点で，x 座標が 3 である。

　　このとき，点 A の y 座標を求めなさい。　　　　　　　　　　　　　　　　（愛知県）

(2)　3 点 $(-1, 2)$，$(1, 6)$，$(a, -4)$ が一直線上にあるとき，a の値を求めなさい。（福岡大附大濠高）

(3)　3 つの直線 $y = x - 4$，$y = ax + 2$，$y = -2x + 5$ が 1 点で交わるとき，a の値を求めなさい。

　　　　　　　　　　　　　　　　　　　　　　　　　　　　　　　　　　　　（大商学園高）

(4)　2 直線 $y = ax + b$，$y = -2ax + 3b$ の交点の座標が $(-2, 5)$ のとき，a，b の値を求めなさい。

　　　　　　　　　　　　　　　　　　　　　　　　　　　　　　　　　　　　　（洛南高）

2	(1)		(2)	$a =$	(3)	$a =$	(4)	$a =$		$b =$

3　ばねの下端におもり x（g）をつるして，ばねの長さ y（cm）を 5 g おきに測定したとき，下の表のような結果になった。次の　　　　に当てはまる最も適した数または式を答えなさい。（博多女高）

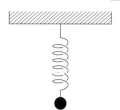

おもりの重さ x（g）	5	10	15	20	25
ばねの長さ y（cm）	20	26	32	38	44

(1)　y を x の式で表しなさい。

(2)　ばねの長さが 74cm になったとき，つるしたおもりの重さを求めなさい。

3	(1)		(2)	g

§3. 関数 $y = ax^2$ （出題率 29.9％）

1 次の問いに答えなさい。

(1) 関数 $y = ax^2$ のグラフが点 $(-2, 3)$ を通るとき，a の値を求めなさい。　　　（彩星工科高）

(2) y は x の2乗に比例し，$x = 2$ のとき，$y = 8$ である。$x = -3$ のとき，y の値を求めなさい。

（金光大阪高）

(3) 関数 $y = x^2$ について，x の値が a から $a + 3$ まで増加するときの変化の割合が13である。このとき，a の値を求めなさい。　　　（石川県）

(4) 2乗に比例する関数 $y = -2x^2$ で，x の変域が $-1 \leqq x \leqq 2$ のときの y の変域を求めなさい。

（筑陽学園高）

(5) 関数 $y = ax^2$ について，x の変域が $-2 \leqq x \leqq 3$ のとき，y の変域は $-6 \leqq y \leqq 0$ である。このとき，a の値を求めなさい。　　　（青森県）

1	(1)	$a =$	(2)	$y =$	(3)	$a =$	(4)		(5)	$a =$

2 振り子が1往復するのにかかる時間のことを周期という。周期はおもりの重さや振れ幅に関係なく一定であり，振り子のひもの長さ y m は周期 x 秒の2乗に比例する。いま，ひもの長さが4mの振り子Aは，その周期が4秒である。このとき，次の問い(1)〜(3)に答えなさい。　　　（京都西山高）

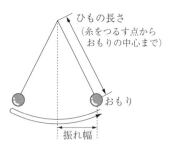

(1) y を x の式で表しなさい。

(2) (1)で求めた y は x の関数である。このとき，x の値が2から10まで変化するときの変化の割合を求めなさい。

(3) 振り子Aで，その周期を9倍にするためにはひもの長さを何倍にすればよいか，求めなさい。

2	(1)		(2)		(3)		倍

3 2点 $A\left(\dfrac{3}{4}, \dfrac{1}{2}\right)$，$B(2, 3)$ と，放物線 $C: y = ax^2$ がある。このとき，次の各問に答えよ。ただし，a は定数とする。　　　（東福岡高）

(1) 直線 AB の式を求めよ。

(2) $a = 1$ のとき，放物線 C と線分 AB との交点の x 座標を求めよ。

(3) 放物線 C と線分 AB が交わるとき，a の最大値と最小値をそれぞれ求めよ。

3	(1)		(2)		(3)	最大値		最小値	

4 右図のように，関数 $y = x^2$ のグラフ上に，2点 A，B があり，点 A の x 座標は -1，点 B の x 座標は 2 である。また，関数 $y = ax^2$ $(a < 0)$ のグラフ上に 2点 C，D があり，線分 BD は y 軸に平行，AB∥CD であるとき，次の問いに答えなさい。　　　　　　　（宣真高）

(1) 直線 AB の式を求めなさい。

(2) C の x 座標が -4 であるとき，a の値を求めなさい。

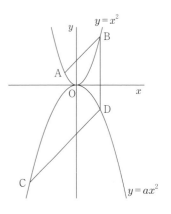

4	(1)	(2) $a =$

5 右図において，①は関数 $y = \dfrac{1}{2}x^2$ のグラフ，②は反比例のグラフ，③は関数 $y = ax^2$ のグラフである。

　①と②は点 A で交わっていて，点 A の x 座標は 2 である。また，②と③との交点を B とする。このとき，次の問いに答えなさい。　　　　　　　（山形県）

(1) 関数 $y = \dfrac{1}{2}x^2$ について，x の値が -4 から 0 まで増加するときの変化の割合を求めなさい。

(2) 点 B の x 座標と y 座標がともに負の整数で，a が整数となるとき，a の値を求めなさい。

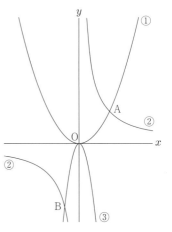

5	(1)	(2) $a =$

6 右図のように，直線 ℓ 上に点 A，B がある。点 A の座標は $(0, 8)$，点 B の座標は $(4, 0)$ である。

　次の問いに答えなさい。　　　　　　　（精華女高）

(1) 直線 ℓ の式を求めなさい。

(2) 直線 ℓ と関数 $y = x^2$ のグラフの交点を C，D とする。ただし，点 D の x 座標は正とする。

① 点 D の座標を求めなさい。

② 直線 OD と平行で点 C を通る直線と，x 軸との交点の座標を求めなさい。

③ y 軸上に，点 P を BP ＋ PD の長さがもっとも小さくなるようにとる。点 P の座標を求めなさい。

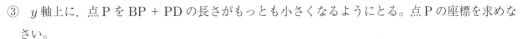

6	(1)	(2)① (，)	② (，)	③ (，)

§4．いろいろな事象と関数 （出題率 20.9 ％）

1　右図のように，AB = 2 cm，BC = 2 cm，∠ABC =
90°の△ABCと，1辺の長さが2 cmの正方形DEFG
が直線ℓ上にあり，点Cと点Dは重なっている。正
方形DEFGは直線ℓ上に固定されており，△ABCは
直線ℓにそって矢印の方向に，毎秒1 cmの速さで動
く。このとき，(1)～(3)の問いに答えなさい。　　　　　（佐賀県）

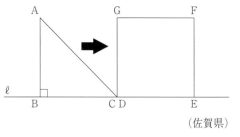

(1)　動き始めてから1秒後について，△ABCと正方形DEFGが重なってできる部分の面積を求め
なさい。

(2)　動き始めてから3秒後について，△ABCと正方形DEFGが重なってできる部分の面積を求め
なさい。

(3)　動き始めて2秒後から4秒後までについて考える。

　　このとき，△ABCと正方形DEFGが重なってできる部分の面積が1 cm²となるのは，動き始
めてから何秒後か求めなさい。

1	(1)		cm²	(2)		cm²	(3)		秒後

2　右図のように，AB = 4 cm，AD = 8 cmの長方形ABCDが
ある。点Pは，点Aを出発し，辺AD上をA→Dに毎秒1 cm
の速さで動き，点Dで止まる。点Qは，点Pが点Aを出発す
るのと同時に点Bを出発し，辺BC上をB→C→Bの順に毎
秒2 cmの速さで動き，点Bで止まる。点Pが点Aを出発して
からx秒後の四角形ABQPの面積をy cm²とする。

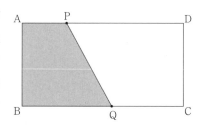

　0 ≦ x ≦ 8のとき，xとyの関係を表す最も適切なグラフを，下のア～オから1つ選んで記号を
書きなさい。ただし，x = 0のときy = 0とし，x = 8のときy = 16とする。　　　　（秋田県）

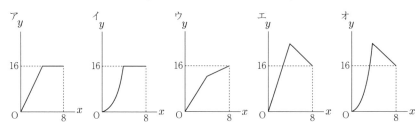

3　あるショッピングモールの駐車場は〈とらエリア〉，〈いのししエリア〉，〈うしエリア〉の3つの
エリアに分かれており，各エリアの駐車料金は以下のように決まっている。利用者は好きなエリア
を選び，駐車することができる。次の問いに答えなさい。　　　　　　　　　　　　（大阪教大附高平野）

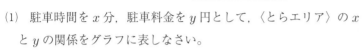

〈とらエリア〉

駐車時間（分）	駐車料金（円）
0 以上 30 未満	0
30 以上 60 未満	200
60 以上 90 未満	360
90 以上 120 未満	520
120 以上	640

※最大料金は 640 円

〈いのししエリア〉

60 分以内は無料
60 分を超えた分については，
1 分あたり 20 円かかる。

〈うしエリア〉

一律 540 円

(1)　駐車時間を x 分，駐車料金を y 円として，〈とらエリア〉の x
　　と y の関係をグラフに表しなさい。

(2)　駐車時間が 70 分だと分かっているとき，どのエリアに駐車す
　　ると最も駐車料金が安いか答えなさい。また，そのときの駐車料金も求めなさい。

(3)　駐車時間が 30 分を超えるとき，〈とらエリア〉に駐車する場合が残り 2 つのどのエリアよりも
　　駐車料金が安くなる駐車時間 x の値の範囲を求めなさい。

3	(1)	図中に記入	(2)	エリア	円	(3)	

4　P 地点と Q 地点があり，この 2 地点は 980m 離れて
いる。A さんは 9 時ちょうどに P 地点を出発して Q 地
点まで，B さんは 9 時 6 分に Q 地点を出発して P 地点
まで，同じ道を歩いて移動した。右図は，A さんと B
さんのそれぞれについて，9 時 x 分における P 地点か
らの距離を ym として，x と y の関係を表したグラフ
である。

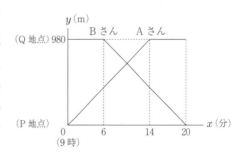

　次の問いに答えなさい。　　　　　　　　　　　　　　　　　　　　　　　　　　　（兵庫県）

(1)　9 時ちょうどから 9 時 14 分まで，A さんは分速何 m で歩いたか，求めなさい。

(2)　9 時 6 分から 9 時 20 分までの B さんについて，y を x の式で表しなさい。ただし，x の変域は
　　求めなくてよい。

(3)　A さんと B さんがすれちがったのは，P 地点から何 m の地点か，求めなさい。

(4)　C さんは 9 時ちょうどに P 地点を出発して，2 人と同じ道を自転車に乗って分速 300m で Q 地
　　点まで移動した。C さんが出発してから 2 分後の地点に図書館があり，C さんがその図書館に立
　　ち寄ったので，9 時 12 分に A さんから C さんまでの距離と，C さんから B さんまでの距離が等
　　しくなった。C さんが図書館にいた時間は何分何秒か，求めなさい。

4	(1)	分速　　　　m	(2)		(3)	m	(4)	分　　　秒

② 関数と図形

例題 ≪ 面積・面積比 ≫

右図のように，直線 $y = x + 6$ が，放物線 $y = x^2$ と2点A，Bで，y 軸と点Cでそれぞれ交わっている。

(1) 2点A，Bの座標をそれぞれ求めなさい。

(2) △OABの面積を求めなさい。

(3) y 軸上で点Cよりも上側に点Dをとる。△OABと四角形OADBの面積比が $1:3$ になるとき，点Dの y 座標を求めなさい。

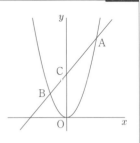

【解説】

(1) $y = x + 6$ に $y = x^2$ を代入して，$x^2 = x + 6$

$x^2 - x - 6 = 0$ より，$(x + 2)(x - 3) = 0$ だから，$x = -2, 3$

よって，A $(3, 9)$，B $(-2, 4)$

(2) $\triangle OAB = \triangle OAC + \triangle OBC = \dfrac{1}{2} \times 6 \times 3 + \dfrac{1}{2} \times 6 \times 2 = 15$

(3) 四角形 OADB $= \triangle OAB \times 3 = 45$

また，点Dの座標を $(0, d)$ とおくと，

四角形 OADB $= \triangle OAD + \triangle OBD = \dfrac{1}{2} \times d \times 3 + \dfrac{1}{2} \times d \times 2 = \dfrac{5}{2}d$

よって，$\dfrac{5}{2}d = 45$ が成り立つから，$d = 18$

【答】 (1) A $(3, 9)$，B $(-2, 4)$　(2) 15　(3) 18

例題 ≪ 二等分線 ≫

(1) 右図のように，関数 $y = \dfrac{1}{4}x^2$ のグラフ上に2点A，Bがあり，x 座標はそれぞれ -2，4である。また，y 軸上に点C $(0, 6)$ がある。このとき，点Cを通り△ABCの面積を二等分する直線の式を求めなさい。

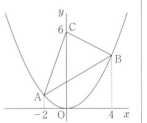

(2) 右図のように，関数 $y = \dfrac{1}{2}x^2$ のグラフ上に2点A，Bがあり，線分ABは x 軸に平行である。また，x 軸上に点C $(-4, 0)$ があり，四角形OABCは平行四辺形である。

① 点Bの座標を求めなさい。

② 点 $(0, 6)$ を通り，平行四辺形OABCの面積を二等分する直線の式を求めなさい。

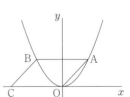

【解説】

(1)　点 A の y 座標は，$y = \dfrac{1}{4} \times (-2)^2 = 1$，

点 B の y 座標は，$y = \dfrac{1}{4} \times 4^2 = 4$

2 点 A，B の中点を M とすると，

x 座標は，$\dfrac{-2+4}{2} = 1$，y 座標は，$\dfrac{1+4}{2} = \dfrac{5}{2}$

求める直線は 2 点 C，M を通る直線だから，

傾きを求めると，$\left(6 - \dfrac{5}{2}\right) \div (0 - 1) = -\dfrac{7}{2}$

よって，求める直線の式は，$y = -\dfrac{7}{2}x + 6$

ポイント

2 点 A $(a,\ b)$，B $(c,\ d)$ の中点の座標
$\Rightarrow \left(\dfrac{a+c}{2},\ \dfrac{b+d}{2}\right)$

ポイント

△ABC の頂点 C を通る面積の二等分線
⇒頂点 C と線分 AB の中点を通る直線

(2)①　AB = OC = 4 で，2 点 A，B は y 軸について対称だから，点 B の x 座標は－2。

よって，点 B の y 座標は，$y = \dfrac{1}{2} \times (-2)^2 = 2$ だから，B $(-2,\ 2)$

②　平行四辺形 OABC の対角線の交点を D とすると，

点 D は OB の中点だから，x 座標は，$\dfrac{-2+0}{2} = -1$，y 座標は，$\dfrac{2+0}{2} = 1$

求める直線は D $(-1,\ 1)$ と点 $(0,\ 6)$ を通るから，

傾きを求めると，$(6 - 1) \div \{0 - (-1)\} = 5$

よって，求める直線の式は，$y = 5x + 6$

ポイント

平行四辺形の面積の二等分線
⇒対角線の交点を通る直線

【答】　(1) $y = -\dfrac{7}{2}x + 6$　(2)① $(-2,\ 2)$　② $y = 5x + 6$

例 題　≪平行線と面積≫

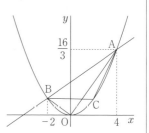

右図のように，関数 $y = ax^2$ $(a > 0)$ のグラフ上に 2 点 A，B があり，点 A の座標は $\left(4,\ \dfrac{16}{3}\right)$，点 B の x 座標は－2 である。

また，関数 $y = ax^2$ のグラフ上の 2 点 A，B の間に，原点 O とは異なる点 C をとる。

(1)　a の値を求めなさい。

(2)　△OAB = △CAB となるとき，点 C の x 座標を求めなさい。

【解説】

(1)　$y = ax^2$ に $x = 4$，$y = \dfrac{16}{3}$ を代入して，

$\dfrac{16}{3} = a \times 4^2$ より，$a = \dfrac{1}{3}$

(2)　$\triangle OAB = \triangle CAB$ より，$AB /\!/ OC$ となればよい。☞

点 B の y 座標が，$y = \dfrac{1}{3} \times (-2)^2 = \dfrac{4}{3}$ より，

直線 AB の傾きは，

$\left(\dfrac{16}{3} - \dfrac{4}{3} \right) \div |4 - (-2)| = 4 \div 6 = \dfrac{2}{3}$ だから，

直線 OC の式は $y = \dfrac{2}{3} x$

$y = \dfrac{1}{3} x^2$ に $y = \dfrac{2}{3} x$ を代入して，$\dfrac{1}{3} x^2 = \dfrac{2}{3} x$

整理して，$x^2 - 2x = 0$ より，$x(x - 2) = 0$ だから，$x = 0,\ 2$

点 C は原点 O とは異なる点だから，点 C の x 座標は 2。

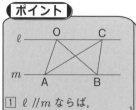

ポイント

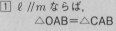

1　$\ell /\!/ m$ ならば，
　　$\triangle OAB = \triangle CAB$

2　$\triangle OAB = \triangle CAB$ ならば，
　　$\ell /\!/ m$

【答】 (1) $a = \dfrac{1}{3}$　(2) 2

例題　≪ 空間図形への応用 ≫　

やってみよう!!

右図のように，関数 $y = \dfrac{1}{2} x^2$ のグラフ上に 2 点 A $(4,\ 8)$，B $(-2,\ 2)$

がある。x 軸上に点 C $(4,\ 0)$ をとると，線分 AC は y 軸と平行である。

(1)　2 点 A，B を通る直線の式を求めなさい。

(2)　$\triangle ABC$ が x 軸のまわりを 1 回転してできる立体の体積を求めなさい。ただし，円周率は π とする。

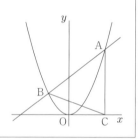

【解説】

(1)　傾きは，$\dfrac{8 - 2}{4 - (-2)} = 1$ だから，直線 AB の式を $y = x + b$ とおき，

　　$x = 4$，$y = 8$ を代入して，$8 = 4 + b$ より，$b = 4$　よって，$y = x + 4$

(2)　直線 AB と x 軸との交点を D とすると，

　　$y = x + 4$ に $y = 0$ を代入して，

　　$0 = x + 4$ より，$x = -4$ だから，D $(-4,\ 0)$

　　右図のように E $(-2,\ 0)$ をとると，

　　$AC = 8$，$DC = 8$，$BE = 2$，$DE = 2$，$EC = 6$ より，

　　（求める立体の体積）

　　　$= (\triangle ADC\ \text{の回転体}) - (\triangle BDE\ \text{の回転体}) - (\triangle BEC\ \text{の回転体})$

　　$= \dfrac{1}{3} \times \pi \times 8^2 \times 8 - \dfrac{1}{3} \times \pi \times 2^2 \times 2 - \dfrac{1}{3} \times \pi \times 2^2 \times 6$

　　$= 160\pi$

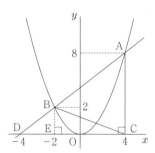

【答】 (1) $y = x + 4$　(2) 160π

STEP UP

$\boxed{1}$ 右図で，直線 ℓ は $y = -x + 5$，直線 m は $y = \dfrac{1}{2}x + 2$ のグラフである。直線 ℓ と y 軸との交点を A とし，直線 m と x 軸との交点を B，y 軸との交点を C，直線 ℓ と直線 m との交点を P とする。次の問いに答えなさい。　　　　　　　　　　　（精華女高）

(1)　点 B，点 P の座標を求めなさい。

(2)　△BOP の面積を求めなさい。

(3)　△ACP と△COP の面積比を求めなさい。

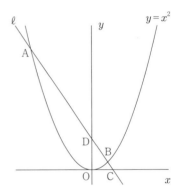

$\boxed{1}$	(1)	B(　　，　　)	P(　　，　　)	(2)		(3)	

$\boxed{2}$ 右図のように，放物線 $y = x^2$ と直線 $\ell : y = -3x + 4$ の交点を A，B とします。また，直線 ℓ と x 軸，y 軸との交点を C，D とします。このとき，次の問いに答えなさい。　（樟蔭東高）

(1)　点 B の座標を求めなさい。

(2)　点 C の x 座標を求めなさい。

(3)　三角形 OAB の面積を求めなさい。

(4)　三角形 OAD と三角形 OCD の面積比を最も簡単な整数比で表しなさい。

$\boxed{2}$	(1)	(　　，　　)	(2)		(3)		(4)	

$\boxed{3}$ 右図のように，△ABC があり，頂点 A，C は放物線 $y = \dfrac{1}{2}x^2$ のグラフ上にある。また，直線 AB と放物線 $y = \dfrac{1}{2}x^2$ の交点のうち，点 A 以外の点を D とする。点 A の x 座標が 4，点 C の x 座標が -3，点 B の座標が $(0, 12)$ であるとき，次の問いに答えなさい。　　　　（神戸山手女高）

(1)　点 A の座標を求めなさい。

(2)　直線 AB の式を求めなさい。

(3)　点 D の座標を求めなさい。

(4)　△BCD の面積は，△ABC の面積の何倍となるか求めなさい。

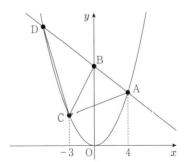

$\boxed{3}$	(1)	(　　，　　)	(2)		(3)	(　　，　　)	(4)	倍

4 右図のように，放物線 $y = ax^2$ 上に2点A，Bがある。点Aの
座標は$(-4, 8)$であり，点Bのx座標は3である。このとき，次
の問いに答えなさい。　　　　　　　　　　　　　　　　　（開明高）

(1) a の値を求めなさい。

(2) 直線ABの式を求めなさい。

(3) 放物線 $y = ax^2$ 上の2点A，Bの間に点Cをとる。三角形ABC

　　の面積が，三角形OABの面積の $\dfrac{1}{2}$ 倍となるような点Cの座標

　　を2つ求めなさい。

(4) (3)で求めた点Cのうち，x 座標が小さい方の点をC_1，x 座標が大きい方の点をC_2とする。三
　　角形AC_1Bの面積をS_1，三角形BC_1C_2の面積をS_2とするとき，$S_1 : S_2$を最も簡単な整数の比
　　で表しなさい。

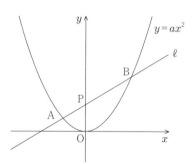

4	(1) $a =$	(2)	(3) (　,　) (　,　)	(4)

5 右の図のように，関数 $y = ax^2$ が直線 ℓ と2点A，Bで交わ
り，直線 ℓ とy軸との交点をPとすると，△OPAは正三角形と
なります。点Bの座標が$(2\sqrt{3}, 4)$のとき，次の問いに答えな
さい。　　　　　　　　　　　　　　　　　　　　　（近畿大泉州高）

(1) a の値を求めなさい。

(2) 点Aの座標を求めなさい。

(3) 2点A，B間の距離を求めなさい。

(4) △OBAの面積を求めなさい。

(5) OP：PBを最も簡単な整数の比で表しなさい。

5	(1) $a =$	(2) (　,　)	(3)
	(4)	(5)	

6 右図のように，関数 $y = x^2$ と関数 $y = 3x - 3$ のグラフが
ある。$y = x^2$ のグラフの上に x 座標が -2 となる点 P，x 座
標が 3 となる点 Q，$y = 3x - 3$ のグラフの上に x 座標が 3 と
なる点 R をとるとき，次の問いに答えなさい。　(芦屋学園高)

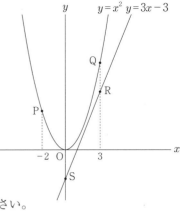

(1)　点 P の座標を求めなさい。

(2)　QR の長さを求めなさい。

(3)　$y = 3x - 3$ のグラフと y 軸との交点を点 S とするとき，
　　△PSQ と四角形 OSRQ の面積の比を最も簡単な整数で表
　　しなさい。

(4)　点 S を通り，△PSQ の面積を 2 等分する直線の式を求めなさい。

7 右図で，放物線は関数 $y = ax^2$ $(a > 0)$ のグラフである。2 点 A，
B は，放物線上の点であり，その x 座標はそれぞれ -2，4 である。
原点を O として，次の問いに答えなさい。　　　　(奈良県)

(1)　関数 $y = ax^2$ について，x の変域が $-2 \leqq x \leqq 4$ のときの y の
　　変域を a を用いて表しなさい。

(2)　関数 $y = ax^2$ について，x の値が -3 から -1 まで増加すると
　　きの変化の割合が -8 であるとき，a の値を求めなさい。

(3)　$a = \dfrac{1}{2}$ のとき，直線 AB と y 軸との交点を通り，△OAB の面
　　積を 2 等分する直線の式を求めなさい。

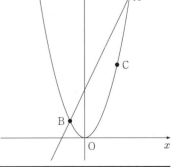

8 右図のように，関数 $y = ax^2$ のグラフ上に，点 A $(3, 9)$ があ
り，x 座標が -1，2 である点をそれぞれ B，C とする。このと
き，次の問いに答えなさい。　　　　　　　　　(大阪青凌高)

(1)　u の値を求めなさい。

(2)　直線 AB の式を求めなさい。

(3)　△ABC の面積を求めなさい。

(4)　点 O を通り，四角形 ABOC の面積を 2 等分する直線の式
　　を求めなさい。

⑨ 右図のように，関数 $y = ax^2$ のグラフ上に 3 点 A，B，C があり，線
分 AB は x 軸に平行である。y 軸上に点 D を，四角形 ABCD が平行四
辺形となるようにとる。点 A の x 座標が－2，点 D の y 座標が 8 であ
るとき，次の問いに答えなさい。　　　　　　　　　　（金蘭会高）

(1)　点 C の座標を求めなさい。

(2)　a の値を求めなさい。

(3)　原点を通り，平行四辺形 ABCD の面積を 2 等分する直線の式を求
めなさい。

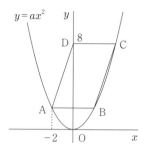

⑨	(1)	(　　　, 　　　)	(2)	$a =$		(3)	

⑩ 次図のように，放物線 $y = ax^2$ 上に 3 点 A，B，C があります。点 A，B の x 座標はそれぞれ－
6，4 で，点 C の座標は (8, 16) です。四角形 ABCD が平行四辺形となるように点 D をとります。
次の問いに答えなさい。　　　　　　　　　　　　　　　　　　　　　　　　　（上宮太子高）

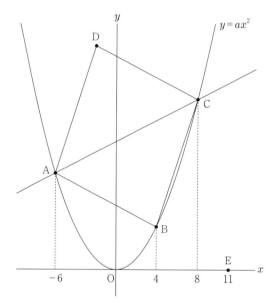

(1)　a の値を求めなさい。

(2)　2 点 A，C を通る直線の式を求めなさい。

(3)　△ACD の面積を求めなさい。

(4)　点 E (11, 0) を通り，平行四辺形 ABCD の面積を 2 等分する直線の式を求めなさい。

⑩	(1)	$a =$	(2)		(3)		(4)	

11 右図の①は関数 $y = -\dfrac{1}{2}x^2$ のグラフであり，①

上において x 座標が -2 である点を A，x 座標が 4
である点を B とします。このとき，次の問いに答え
なさい。　　　　　　　　　　　　　　（近江兄弟社高）

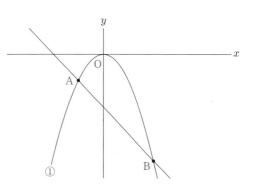

(1)　2点 A，B を通る直線の式を求めなさい。

(2)　△OAB の面積を求めなさい。

(3)　線分 AB 上に点 C をとったとき，線分 OC は
　　△OAB の面積を2等分しました。点 C の座標を
　　求めなさい。

(4)　①上で点 A と異なる点 D をとったとき，△OAB と△OBD の面積が等しくなりました。点 D
　　の座標を求めなさい。

11	(1)		(2)		(3)	(　　，　　)	(4)	(　　，　　)

12 右図のように，関数 $y = \dfrac{a}{x}$ ……①と直線 $y = x + 1$ ……②

が2点 A，B で交わり，点 A の座標は $(2, 3)$ である。また，
①のグラフ上に，x 座標が 6 である点 C をとる。このとき，
次の問いに答えなさい。　　　　　　　　　　　（開智高）

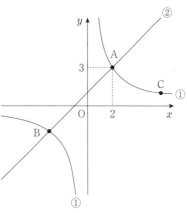

(1)　a の値を求めなさい。

(2)　点 B の座標を求めなさい。

(3)　直線 BC の式を求めなさい。

(4)　△ABC の面積を求めなさい。

(5)　①のグラフ上に点 D をとったとき，△ABD と△ABC の
　　面積が等しくなった。このとき，点 D の座標を求めなさい。
　　ただし，点 D の y 座標は点 B の y 座標よりも小さいものとする。

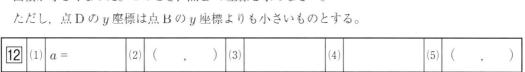

12	(1)	$a =$	(2)	(　　，　　)	(3)		(4)		(5)	(　　，　　)

13 右図のように，関数 $y = ax^2$ のグラフ上に 2 点 A，B がある。
点 A の x 座標を -2，点 B の x 座標を 4 とする。このとき，次
の問いに答えなさい。ただし，$a > 0$ とする。　　　　（沖縄県）

(1)　点 B の y 座標が 16 のとき，a の値を求めなさい。

(2)　$a = \dfrac{1}{2}$ のとき，x の変域が $-2 \leqq x \leqq 4$ のときの y の変域
　　を求めなさい。

(3)　x の値が　2 から 4 まで増加するときの変化の割合を a の式
　　で表しなさい。

(4)　△OAB の面積が 84cm^2 となるとき，a の値を求めなさい。ただし，原点 O から点$(0, 1)$，点
　　$(1, 0)$ までの長さを，それぞれ 1cm とする。

13	(1) $a =$	(2)	(3)	(4) $a =$

14 右図のように，原点 O を中心，半径が 2 の円と放物線 $y = ax^2$ が 2 点 A，B で交わっている。原点 O と点 A を通る直線
を ℓ，点 A を通り直線 ℓ と直角に交わっている直線を m とす
る。また，直線 m と x 軸，y 軸の交点をそれぞれ C，D とす
る。点 A の x 座標が 1 であるとき，次の問いに答えなさい。

　　　　　　　　　　　　　　　　　　　　　　　　　（梅花高）

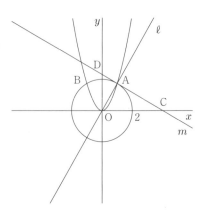

(1)　点 B の座標を求めなさい。

(2)　a の値を求めなさい。

(3)　∠AOD の大きさを求めなさい。

(4)　△OAD と△COD の面積比を求めなさい。

(5)　直線 m 上に点 E を△OAC と△OAE の面積が等しくなるようにとる。点 E の座標を求めよ。
　　ただし，点 E と点 C は異なるものとする。

14	(1) （　，　）	(2) $a =$	(3)	(4)	(5) （　，　）

15 関数 $y = \dfrac{1}{4}x^2$ のグラフ上に，x 座標がそれぞれ -2，4 である

点 A，B をとる。また，直線 AB と y 軸との交点を C とする。次
の問いに答えなさい。　　　　　　　　　　　　　　（筑紫女学園高）

(1)　点 B の y 座標を求めなさい。

(2)　直線 AB の式を求めなさい。

(3)　図1のように，y 軸上に点 P $(0,\ y)$ をとり，点 P を中心とし，
　　2 点 A，C を通る円をつくる。このとき，y の値を求めなさい。

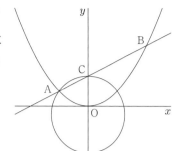
【図1】

(4)　$0 < t < 2$ とする。図2のように，直線 AB 上に x 座標が $-t$
　　となる点を D，放物線 $y = \dfrac{1}{4}x^2$ 上に x 座標が $2t$ となる点を E
　　とする。また，D を通り，y 軸に平行な直線と x 軸との交点を F
　　とする。△ODF と △OEC の面積の比が $1:3$ であるとき，t の
　　値を求めなさい。

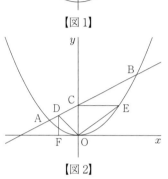
【図2】

15	(1)		(2)		(3) $y =$		(4) $t =$

16 右図のように，関数 $y = x^2$ のグラフ上に x 座標が -2 である
点 A があり，点 A から x 軸にひいた垂線と x 軸との交点を B と
する。原点を O として，次の(1)～(4)に答えよなさい。　　（長崎県）

(1)　点 A の y 座標を求めなさい。

(2)　関数 $y = x^2$ について，x の値が 1 から 4 まで増加するとき
　　の変化の割合を求めなさい。

(3)　線分 OA の長さを求めなさい。

(4)　△OAB を直線 OA を軸として 1 回転させてできる立体の体積を求めなさい。

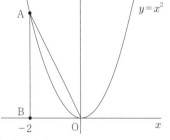

16	(1)		(2)		(3)		(4)

③ データの活用

例題

(1) 大小2つのさいころを投げるとき, 出た目の数の積が20以上となる確率を求めなさい。

(2) 赤玉4個, 白玉2個が入っている袋の中から玉を同時に2個取り出すとき, 少なくとも1個は白玉が出る確率を求めなさい。

(3) 右図の△ABCは1辺の長さが1cmの正三角形である。点Pは, はじめ点Aにあり, 1枚の硬貨を投げるごとに, 表が出れば2cm, 裏が出れば1cmそれぞれ時計回りに移動する。1枚の硬貨を3回投げるとき, 点Pが最後に点Cにある確率を求めなさい。

```
    A
   /\
  /  \
 /    \
B------C
```

【解説】

(1) 目の数の組み合わせは全部で, $6 \times 6 = 36$(通り)

このうち, 目の積が20以上となるのは,

$(大, 小) = (4, 5), (4, 6), (5, 4), (5, 5), (5, 6), (6, 4), (6, 5), (6, 6)$の8通り。

よって, 求める確率は, $\dfrac{8}{36} = \dfrac{2}{9}$

(2) 6個の玉から2個の玉を取り出す場合の数は, 取り出す順番を区別すると,

1個目が6通り, 2個目が5通りだから, (6×5)通りだが,

実際には, (1個目, 2個目)=(赤玉1, 赤玉2)と, (1個目, 2個目)=(赤玉2, 赤玉1)などの2通りずつは区別しないので, 全部で, $6 \times 5 \div 2 = 15$(通り)

ここで, 2個とも赤玉である確率を考えると,

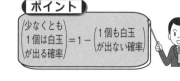

ポイント

$$\boxed{\begin{array}{c}少なくとも\\1個は白玉\\が出る確率\end{array}} = 1 - \boxed{\begin{array}{c}1個も白玉\\が出ない確率\end{array}}$$

赤玉4個から2個を選ぶ場合の数を同様に計算して,

$4 \times 3 \div 2 = 6$(通り)より, 確率は, $\dfrac{6}{15} = \dfrac{2}{5}$

よって, 少なくとも1個は白玉が出る確率は, $1 - \dfrac{2}{5} = \dfrac{3}{5}$

(3) 3回の硬貨の表裏の出方は全部で, $2 \times 2 \times 2 = 8$(通り)

点Pが最後にある点は, 硬貨の表裏の出方を(1回目, 2回目, 3回目)と表すと,

(表, 表, 表)のときはA, (表, 表, 裏)のときはB, (表, 裏, 表)のときはB,

(表, 裏, 裏)のときはC, (裏, 表, 表)のときはB, (裏, 表, 裏)のときはC,

(裏, 裏, 表)のときはC, (裏, 裏, 裏)のときはAだから,

最後に点Cにあるのは3通りで, 求める確率は$\dfrac{3}{8}$。

【答】 (1) $\dfrac{2}{9}$ (2) $\dfrac{3}{5}$ (3) $\dfrac{3}{8}$

例題

(1) 右表は，生徒 40 人の通学時間を度数分布表に表したものである。

① 表の中の a，b にあてはまる数を求めなさい。

② 生徒 40 人の通学時間の中央値は，どの階級にふくまれるか，求めなさい。

③ 生徒 40 人の通学時間の最頻値を求めなさい。

④ 生徒 40 人の通学時間の平均値を求めなさい。

通学時間(分)		度数(人)	相対度数
以上 0 ～ 未満 10		4	0.10
10 ～ 20			0.45
20 ～ 30		10	a
30 ～ 40			b
40 ～ 50			0.05
計		40	1.00

(2) ある池で魚の数を推定するため，100 匹の魚をつかまえ，印をつけて池に戻した。1 週間後に魚を 50 匹つかまえると，印のついた魚が 6 匹含まれていた。この池には，およそ何匹の魚がいると推定できるか。答えは一の位の数を四捨五入して，十の位までの概数で求めなさい。

【解説】

(1)① $a = 10 \div 40 = 0.25$，$b = 1.00 - (0.10 + 0.45 + 0.25 + 0.05) = 0.15$

② 10 分未満の度数は 4 人で，

10 分以上 20 分未満の度数は，$40 \times 0.45 = 18$（人）

$4 + 18 = 22$（人）より，通学時間の短い方から

20 番目と 21 番目の生徒はいずれも，

10 分以上 20 分未満だから，　

この 2 人の平均も 10 分以上 20 分未満の階級に含まれる。

よって，中央値がふくまれる階級は，10 分以上 20 分未満。

ポイント

資料の個数が偶数
⇒資料の値を大きさの順に並べたとき，中央に並ぶ 2 つの値の平均が中央値

③ 30 分以上 40 分未満の度数は，$40 \times 0.15 = 6$（人），

40 分以上 50 分未満の度数は，$40 \times 0.05 = 2$（人）なので，

度数のもっとも多い階級は，10 分以上 20 分未満。

よって，この階級の階級値を求めて，　

$(10 + 20) \div 2 = 15$（分）

ポイント

度数分布表では，
・度数のもっとも多い階級の階級値を最頻値とする
・階級値を利用して平均値を求める

④ 平均値は，　

$(5 \times 4 + 15 \times 18 + 25 \times 10 + 35 \times 6 + 45 \times 2) \div 40 = 21$（分）

(2) 池に x 匹の魚がいるとすると，$x : 100 = 50 : 6$ が成り立つ。

比例式の性質より，$6x = 5000$ となるから，$x = \dfrac{5000}{6} = 833.3\cdots$

よって，およそ 830 匹の魚がいると推定できる。

【答】 (1)① a. 0.25　b. 0.15　② 10 分以上 20 分未満の階級　③ 15 分　④ 21 分　(2)およそ 830 匹

例題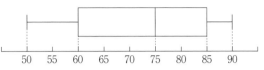

　　右図は，35人のクラスで100点満点の数学のテストを行った結果を箱ひげ図に表したものである。

　　この箱ひげ図から読み取れる内容として，正しいものを次の(ア)～(エ)の中から1つ選びなさい。

(ア)　平均点は70.5点である。　　(イ)　60点以下の点数を取った生徒が10人いる。

(ウ)　75点の生徒がいる。　　(エ)　四分位範囲は40点である。

【解説】

　箱ひげ図から平均値を求めることはできないから，(ア)は誤り。

　生徒は全部で35人いるから，$35 \div 2 = 17$ 余り1より，

　中央値は点数が低い方から，$17 + 1 = 18$（番目）の生徒の得点で，箱ひげ図から75点とわかる。

　したがって，(ウ)は正しい。

　また，$17 \div 2 = 8$ 余り1より，

　第1四分位数は点数が低い方から，$8 + 1 = 9$（番目）の生徒の得点で，

　箱ひげ図から60点とわかる。

　したがって，60点以下の生徒は9人いるが，

　点数が低い方から10番目の生徒が60点かは分からないので，(イ)は誤り。

　同様に，第3四分位数は得点が低い方から27番目の生徒の点数で，85点とわかる。

　よって，四分位範囲は，$85 - 60 = 25$（点）だから，(エ)は誤り。

　また，箱ひげ図より，最低点は50点，最高点は90点とわかる。

【答】 (ウ)

ポイント

値の大きさ順に並べたデータを半分に分ける。
（データの個数が奇数のときは，中央値を除く。）

半分にしたデータのうち，
小さい方のデータの中央値 ⇒ 第1四分位数
大きい方のデータの中央値 ⇒ 第3四分位数

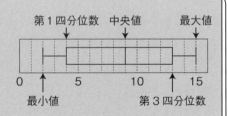

§1. 確率（出題率 88.7 ％）

1 次の問いに答えなさい。

(1) 1, 2, 3, 4 の 4 枚のカードから 2 枚を選んでならべ，2 けたの整数をつくる。2 けたの整数は全部で何通りあるか求めなさい。　　　　　　　　　　　　　　　　　　　　　　　　（関西創価高）

(2) A，B，C，D の 4 人の中から 2 人の代表者を選ぶ選び方は何通りあるか求めなさい。　　　　　　　　　　　　　　　　　　　　　　　（金光藤蔭高）

(3) 右図のように，正六角形 ABCDEF がある。この正六角形の 3 つの頂点を結んでできる三角形のうち点 A を頂点にもつ三角形の個数を求めなさい。

（京都市立西京高）

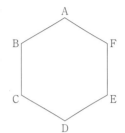

1	(1)	通り	(2)	通り	(3)	個

2 次の問いに答えなさい。

(1) 箱の中に 1 から 9 までの数字が書かれた玉が 1 個ずつ入っている。中を見ないで，この箱の中から玉を 1 個取り出すとき，6 の約数が書かれた玉が出る確率を求めなさい。　　　　　（愛知県）

(2) 大小 2 個のサイコロをなげたとき，出た目の和が 5 となる確率を求めなさい。　　　　（大阪高）

(3) 4 枚の硬貨を同時に投げるとき，少なくとも 1 枚は表が出る確率を求めなさい。それぞれの硬貨の表裏の出方は，同様に確からしいものとする。　　　　　　　　　　　　　（大阪成蹊女高）

(4) 袋の中に 1 から 7 までの整数が書かれた 7 枚のカードが入っている。この袋の中からカードを 1 枚取り出し書かれた数字を調べ，それを袋にもどしてから，また，カードを 1 枚取り出すとき，2 枚のカードに書かれた数の積が偶数である確率を求めなさい。　　　　　　　　　　（近江高）

(5) 右図のような正方形 ABCD がある。点 P が頂点 A を出発して矢印の方向へ，1 個のサイコロを 2 回投げて出た目の数の和だけ頂点を移動する。このとき，点 P が頂点 D にある確率を求めなさい。　　　　　（三田学園高）

2	(1)	(2)	(3)	(4)	(5)

3 大小 2 つのさいころを同時に投げる。大きいさいころの出た目の数を a，小さいさいころの出た目の数を b とする。次の問いに答えなさい。　　　　　　　　　　　　　　　　　　　（金蘭会高）

(1) 等式 $a = b$ が成り立つ確率を求めなさい。

(2) 不等式 $a < b$ が成り立つ確率を求めなさい。

(3) 等式 $\dfrac{1}{a} + \dfrac{1}{b} = \dfrac{1}{2}$ が成り立つ確率を求めなさい。

3	(1)	(2)	(3)

4 大小2つのさいころを同時に投げ，大きいさいころの出た目の数を a，小さいさいころの出た目の数を b とします。次の問いに答えなさい。　　　　　　　　　　　　　（近畿大泉州高）

(1) $a + b = 7$ となる確率を求めなさい。

(2) ab が3の倍数となる確率を求めなさい。

(3) $\dfrac{2b}{a}$ が整数となる確率を求めなさい。

(4) $\sqrt{ab} > 4$ となる確率を求めなさい。

4	(1)		(2)		(3)		(4)	

5 右図のように，正五角形 ABCDE があり，点 P は頂点 A の位置にあります。点 P は，次のルールにしたがって動きます。

ルール

　1，2，3，4の数字が1つずつかかれた4枚のカードをよくきってから同時に2枚ひく。ひいた2枚のカードにかかれた数の和の分だけ，点 P は頂点を1つずつ反時計回りに移動する。

　例えば，3と4の数字がかかれたカードをひいたとき，和は7となり，点 P は次の順に頂点を移動し，頂点 C で止まる。

　　A → B → C → D → E → A → B → C

　このとき，もっとも起こりやすいのは，どの頂点で止まるときですか。A〜E のうちから一つ選び，その記号を書きなさい。また，そのときの確率を求めなさい。

　ただし，どのカードをひくことも同様に確からしいものとします。　　　　（岩手県）

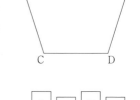

5	記号		確率	

6 正六角形 ABCDEF がある。1個のさいころを3回投げ，1が出ると A，2が出ると B，3が出ると C，4が出ると D，5が出ると E，6が出ると F の頂点を選び，その3頂点を結んで図形 X を作る。たとえば，選ばれた頂点が順に A，B，C であった場合も，C，A，B であった場合も，図形 X は △ABC とする。次の問いに答えなさい。　　　　　　（大阪国際高）

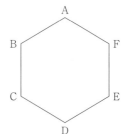

(1) 図形 X が，点になる場合は何通りあるか。

(2) 図形 X が，△CDE になる確率を求めなさい。

(3) 図形 X が，直角三角形になる確率を求めなさい。

(4) 図形 X が，三角形にならない確率を求めなさい。

6	(1)	通り	(2)		(3)		(4)	

7 大小2個のさいころを同時に投げる。大きいさいころの出た目の数を a，小さいさいころの出た目の数を b とし，座標平面上に点 P $(a,\ b)$ をとる。なお，<u>線分とは直線の一部分で両端の点を含むもの</u>をいう。 （西南学院高）

(1) 点 P が直線 $y = \dfrac{1}{2}x$ 上にある確率を求めなさい。

(2) 線分 OP 上に，x 座標と y 座標がともに整数となる点がちょうど4つある確率を求めなさい。

(3) 点 A $(0,\ 2)$ とする。線分 AP 上に，x 座標と y 座標がともに整数となる点が3つ以上ある確率を求めなさい。

7	(1)		(2)		(3)	

8 1，2，3，4，5の数字が1つずつ書かれた5枚のカードがある。このカードを続けて2回引き，1回目に引いたカードの数字を a，2回目に引いたカードの数字を b とする。ただし，引いたカードはもとに戻さないものとする。また，右図のような座標軸がある。点 P は原点 O を出発し，x 軸上を正の方向に毎秒 a の速さですすむ。点 Q は原点 O を出発し，y 軸上を正の方向に毎秒 b の速さですすむ。x 秒後の三角形 OPQ の面積を y とするとき，次の問いに答えなさい。 （あべの翔学高）

(1) $a = 1$，$b = 2$，$x = 3$ のとき，y の値を求めなさい。

(2) $x = 2$ のとき，$y > 24$ となる確率を求めなさい。

(3) $3 \leqq x \leqq 5$ において，常に y が $54 \leqq y \leqq 225$ を満たす確率を求めなさい。

8	(1)	$y =$	(2)		(3)	

9 右図のように，正六角形を並べたマス目を考える。サイコロ1個を投げた時に出た目によって，次のようにコマを進めるものとする。例えば，最初は A の位置にコマがあり，サイコロを3回投げ，「6」「5」「1」と目が出たとき，コマは B の位置に移動する。

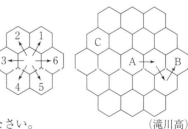

最初に A の位置にコマがあるものとして，次の問いに答えなさい。 （滝川高）

(1) サイコロを2回投げたとき，コマが C の位置にある確率を求めなさい。

(2) サイコロを3回投げたとき，コマが C の位置にある確率を求めなさい。

9	(1)		(2)	

§2. データの活用（出題率 48.6 %）

1 次の問いに答えなさい。

(1) 下の数字は，生徒 20 人に実施した数学のテストの得点である。この得点の中央値を求めなさい。

(東福岡高)

　　7，9，6，7，10，8，7，5，8，7，9，6，8，7，8，7，8，8，7，10（点）

(2) 6 人の生徒の小テストの得点を調べたところ，4 点，8 点，5 点，6 点，9 点，a 点であった。この 6 人の得点の中央値は 7 点であるという。a にあてはまる数をすべて答えなさい。ただし，得点は 0 から 10 までの自然数をとるものとする。　　　　　　　　　　　　　　　（ノートルダム女学院高）

(3) 右表は，M 中学校の 1 年生男子のハンドボール投げの記録を度数分布表に整理したものである。

　　この表をもとに，記録が 20m 未満の累積相対度数を四捨五入して小数第 2 位まで求めなさい。　　　　　　（福岡県）

階級(m)		度数(人)
以上 ～ 未満 5 ～ 10		6
10 ～ 15		9
15 ～ 20		17
20 ～ 25		23
25 ～ 30		5
計		60

(4) あるクラスで数学の小テストをしたところ，その得点の度数分布は次の表のようになった。このデータにおける中央値，第 3 四分位数，四分位範囲をそれぞれ求めなさい。

(帝塚山学院泉ヶ丘高)

得点(点)	3	4	5	6	7	8	9	10	計
人数(人)	2	3	4	6	9	7	4	2	37

(5) 次表は，生徒 A～I の 9 人のハンドボール投げの記録です。この表から読み取れることがらとして正しいものを次のア～オからすべて選びなさい。　　　　　　　（関西大学北陽高）

生徒	A	B	C	D	E	F	G	H	I
記録(m)	19	17	18	13	18	14	18	12	11

ア　最頻値（モード）は 18 です。　　　イ　四分位範囲は 5 です。

ウ　中央値（メジアン）は 18 です。　　エ　最大値は 19 です。

オ　範囲は 8 です。

1	(1)	点	(2)		(3)			
	(4) 中央値	点	第3四分位数	点	四分位範囲	点	(5)	

2　図書委員である桜さんは，自分のクラスの 25 人に対して，夏休みと冬休みに読んだ本の冊数をそれぞれ調査しました。図 1 は，夏休みの調査結果をヒストグラムにまとめたものです。

次の(1)，(2)に答えなさい。　　　　　　　　　(北海道)

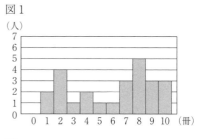

図 1
(人)

(1)　夏休みに読んだ本の冊数の平均値を求めなさい。

(2)　図 2 は，冬休みの調査結果をヒストグラムにまとめたものですが，7 冊から 9 冊の部分は，未完成となっています。また，次の資料は，桜さんが，夏休みと冬休みの調査結果からわかったことをまとめたものです。資料をもとにして，図 2 に未完成の部分をかき入れ完成させなさい。

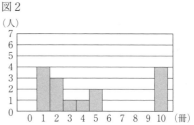

図 2
(人)

(資料)

・読んだ本の冊数の範囲は，夏休みと冬休みで変わらなかった。

・読んだ本の冊数の平均値は，夏休みと冬休みで変わらなかった。

・読んだ本の冊数の中央値は，夏休みが 7 冊で，冬休みは 8 冊であった。

・読んだ本の冊数の度数（人）が 0 であったのは，夏休みでは 0 冊のみであったが，冬休みでは 0 冊と 6 冊であった。

2	(1)	冊	(2)	図中に記入

3　30 人のクラスで 10 点満点のテストを行い，次の表のような結果を得た。

表

得点(点)	0	1	2	3	4	5	6	7	8	9	10	計
人数(人)	0	0	2	3	a	3	b	3	4	3	2	30

このとき，次の問い(1)・(2)に答えなさい。　　　　　　　　　(京都府立桃山高)

(1)　得点の平均点が 6 点であるとき，a，b の値をそれぞれ求めなさい。

(2)　次図は，このテストのデータの箱ひげ図である。

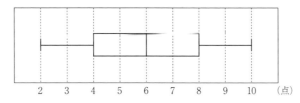

このとき，a，b の値の組 (a, b) は何組あるか求めなさい。

3	(1)	$a =$	$b =$	(2)	組

4 次の問いに答えなさい。

(1) ねじがたくさん入っている箱から，30 個のねじを取り出し，その全部に印をつけて箱に戻す。その後，この箱から 50 個のねじを無作為に抽出したところ，印のついたねじは 6 個であった。この箱に入っているねじの個数は，およそ何個と推定できるか答えなさい。　　　　　　　　　（福岡県）

(2) 箱の中に同じ大きさの白玉だけがたくさん入っている。この箱の中に，同じ大きさの黒玉を 50 個入れてよくかき混ぜた後，この箱の中から 40 個の玉を無作為に抽出すると，その中に黒玉が 3 個含まれていた。この結果から，はじめにこの箱の中に入っていた白玉の個数はおよそ何個と考えられるか。一の位を四捨五入して答えなさい。　　　　　　　　　　　　　　　　　（京都府）

4	(1)	およそ　　　　　　個	(2)	およそ　　　　　　個

5 サッカーが好きな航平さんは，日本のチームに所属しているプロのサッカー選手の中から 100 人を無作為に抽出し，身長や靴のサイズ，出身地についての標本調査を行った。表 1 は身長について，表 2 は靴のサイズについて，その結果をそれぞれ度数分布表に表したものである。また，表 3 は抽出した選手について，熊本県出身の選手と熊本県以外の出身の選手の人数をそれぞれ表したものである。このとき，次の問いに答えなさい。　　　　　　　　　　　　　　　（熊本県）

表 1

身長(cm)	度数(人)
以上　　未満	
160～165	2
165～170	10
170～175	22
175～180	25
180～185	24
185～190	13
190～195	4
計	100

表 2

靴のサイズ(cm)	度数(人)
24.5	2
25	6
25.5	8
26	14
26.5	18
27	17
27.5	16
28	11
28.5	6
29	2
計	100

表 3

出身地	度数(人)
熊本県	2
熊本県以外	98
計	100

(1) 航平さんの身長は，177cm である。表 1 において，航平さんの身長と同じ身長の選手が含まれる階級の階級値を求めなさい。

(2) 表 2 において，靴のサイズの最頻値を答えなさい。

(3) 次の ア には平均値，中央値のいずれかの言葉を， イ には数を入れて，文を完成しなさい。
表 2 において，靴のサイズの平均値と中央値を比較すると， ア の方が イ cm 大きい。

(4) この標本調査を行ったとき，日本のチームに所属しているプロのサッカー選手のうち，熊本県出身の選手は 36 人いた。表 3 から，日本のチームに所属しているプロのサッカー選手のうち，熊本県以外の出身の選手は何人いたと推定されるか，求めなさい。

5	(1)	cm	(2)	cm	(3)	ア	イ	(4)	人

解答・解説 数学

◇数 と 式◇

1．数　(P. 4〜7)

§1．数の計算

――――〈解答〉――――

$\boxed{1}$ (1) 4　(2) 7　(3) -5　(4) 22　(5) 10　(6) 13

(7) 111　(8) 16　(9) -19

$\boxed{2}$ (1) $-\dfrac{3}{10}$　(2) $\dfrac{7}{12}$　(3) $-\dfrac{8}{3}$　(4) 10　(5) $\dfrac{17}{20}$

(6) -7

$\boxed{3}$ (1) -36　(2) -10　(3) 1　(4) 3　(5) 39

(6) $\dfrac{2}{9}$　(7) 60　(8) 0

$\boxed{4}$ (1) $-\dfrac{3}{8}$　(2) $\dfrac{3}{5}$　(3) 11　(4) $-\dfrac{4}{3}$　(5) $\dfrac{1}{15}$

(6) $-\dfrac{11}{6}$

―――――――――

$\boxed{1}$ (1) 与式 $= 1 + 3 = 4$

(2) 与式 $= -7 + 8 + 6 = 7$

(3) 与式 $= -13 - (-8) = -13 + 8 = -5$

(4) 与式 $= 7 + 15 = 22$

(5) 与式 $= 2 - 4 \times (-2) = 2 + 8 = 10$

(6) 与式 $= 45 - 32 = 13$

(7) 与式 $= 114 - 12 \div (10 - 6) = 114 - 12 \div 4$

$= 114 - 3 = 111$

(8) 与式 $= 24 - 8 = 16$

(9) 与式 $= 2 + \left(-\dfrac{16 \times 9}{24} \right) + (-15)$

$= 2 - 6 - 15 = -19$

$\boxed{2}$ (1) 与式 $= \dfrac{5}{10} - \dfrac{8}{10} = -\dfrac{3}{10}$

(2) 与式 $= \dfrac{3}{4} - \dfrac{5}{6} + \dfrac{2}{3} = \dfrac{9}{12} - \dfrac{10}{12} + \dfrac{8}{12} = \dfrac{7}{12}$

(3) 与式 $= -\dfrac{4 \times 6}{9 \times 1} = -\dfrac{8}{3}$

(4) 与式 $= -8 \times \dfrac{7}{2} \times \left(-\dfrac{5}{14} \right) = 10$

(5) 与式 $= \dfrac{3}{5} \times \dfrac{8}{3} - \dfrac{9}{10} \times \dfrac{5}{6} = \dfrac{8}{5} - \dfrac{3}{4} = \dfrac{32 - 15}{20}$

$= \dfrac{17}{20}$

(6) 与式 $= -\dfrac{9}{7} + \dfrac{6}{13} + \dfrac{2}{7} - 5 - \dfrac{19}{13}$

$= \left(-\dfrac{9}{7} + \dfrac{2}{7} \right) + \left(\dfrac{6}{13} - \dfrac{19}{13} \right) - 5$

$= -1 - 1 - 5 = -7$

$\boxed{3}$ (1) 与式 $= -4 \times (+9) = -36$

(2) 与式 $= -9 + 8 - 9 = -10$

(3) 与式 $= -8 + 36 - 54 - (-27)$

$= -8 + 36 - 54 + 27 = 1$

(4) 与式 $= \{-(-5)^2 + 4\} \div (-3) + (-4)$

$= (-25 + 4) \times \left(-\dfrac{1}{3} \right) - 4$

$= -21 \times \left(-\dfrac{1}{3} \right) - 4 = 7 - 4 = 3$

(5) 与式 $= -8 + 5 \times 9 + 2 = -8 + 45 + 2 = 39$

(6) 与式 $= -8 \div (-9 - 27) = -8 \div (-36) = \dfrac{8}{36}$

$= \dfrac{2}{9}$

(7) 与式 $= \{-32 - (25 - 27)\} \times (-2)$

$= (-32 + 2) \times (-2) = (-30) \times (-2) = 60$

(8) 与式 $= -49 + 4 + 16 + 49 - 4 - 16 = 0$

$\boxed{4}$ (1) 与式 $= -\dfrac{1}{8} + \dfrac{1}{4} - \dfrac{1}{2} = -\dfrac{1}{8} + \dfrac{2}{8} - \dfrac{4}{8}$

$= -\dfrac{3}{8}$

(2) 与式 $= \dfrac{3}{4} + \dfrac{27 - 25}{45} \div \left(-\dfrac{8}{27} \right)$

$= \dfrac{3}{4} + \dfrac{2}{45} \times \left(-\dfrac{27}{8} \right) = \dfrac{3}{4} - \dfrac{3}{20} = \dfrac{3}{5}$

(3) 与式 $= \left(\dfrac{6^2}{3} + \dfrac{6^3}{4} \right) \div 6 = \dfrac{6}{3} + \dfrac{6^2}{4} = 2 + 9 = 11$

(4) 与式 $= \left(\dfrac{2}{3} \right)^{2022} \times (-3^{2021}) \div 2^{2020}$

$= -\dfrac{2^{2022} \times 3^{2021}}{3^{2022} \times 2^{2020}} = -\dfrac{2^2}{3} = -\dfrac{4}{3}$

(5) 与式 $= \dfrac{16}{9} \times \dfrac{3}{20} + \left(-\dfrac{3}{5} \right)^2 \times \left(-\dfrac{5}{9} \right)$

$= \dfrac{16}{9} \times \dfrac{3}{20} - \dfrac{9}{25} \times \dfrac{5}{9} = \dfrac{4}{15} - \dfrac{1}{5} = \dfrac{1}{15}$

(6) 与式 $= 2 - \dfrac{23}{9} \times \left\{ \dfrac{1}{5} \times \dfrac{20}{3} - \dfrac{2}{3} \times \left(-\dfrac{1}{4} \right) \right\}$

$= 2 - \dfrac{23}{9} \times \left(\dfrac{4}{3} + \dfrac{1}{6} \right) = 2 - \dfrac{23}{9} \times \dfrac{9}{6}$

$$= 2 - \frac{23}{6} = -\frac{11}{6}$$

§2．数の性質

━━━━━〈解答〉━━━━━

$\boxed{1}$ (1) 6 (個)　(2) 67　(3) $\dfrac{66}{7}$　(4) 12 (枚)

　(5) $2^4 \times 3 \times 13$　(6) $2^2 \times 5 \times 7$　(7) 21

　(8) 240

$\boxed{2}$ (1) 48　(2) 2　(3) 2　(4) 3　(5) 1

$\boxed{1}$ (1) 自然数 n は，$148 - 4 = 144$ と，

$245 - 5 = 240$ の公約数のうち 5 より大きい数である。

$144 = 2^4 \times 3^2$，$240 = 2^4 \times 3 \times 5$ より，

最大公約数は，$2^4 \times 3 = 48$

$n > 5$ より，$n = 2 \times 3$，$2^2 \times 3$，2^3，$2^3 \times 3$，2^4，

$2^4 \times 3$ の 6 個。

(2) 8 でも 9 でも割り切れる数は，8 と 9 の最小公倍数である，72 の倍数。

よって，2 桁の正の整数では 72 のみなので，

求める数は，$72 - 5 = 67$

(3) $\dfrac{22}{63}$ で割るということは，$\dfrac{63}{22}$ をかけることと同じ。

$\dfrac{56}{33}$ をかけても $\dfrac{63}{22}$ をかけても自然数となる分数の中で最小のものは，分子が 33 と 22 の最小公倍数で，分母が 56 と 63 の最大公約数。

$33 = 3 \times 11$，$22 = 2 \times 11$ より，

33 と 22 の最小公倍数は，$2 \times 3 \times 11 = 66$

$56 = 2^3 \times 7$，$63 = 3^2 \times 7$ だから，

56 と 63 の最大公約数は 7。

よって，求める分数は $\dfrac{66}{7}$。

(4) 6 と 8 の最小公倍数は 24 なので，

できる正方形は 1 辺が 24cm。

よって，必要なカードの枚数は，

$(24 \div 8) \times (24 \div 6) = 12$ (枚)

(5) $624 = 2 \times 2 \times 2 \times 2 \times 3 \times 13 = 2^4 \times 3 \times 13$

(7) $84n = 2^2 \times 3 \times 7 \times n$ だから，

これが自然数の 2 乗となるような，

最も小さい自然数 n は，$n = 3 \times 7 = 21$

(8) n から 15 を引いた平方数を m^2，

n に 16 を足した平方数を $(m + a)^2$ とおくと，

$(m + a)^2 - m^2 = 31$ より，

$m^2 + 2ma + a^2 - m^2 = 31$ から，

$a(2m + a) = 31$

a が正の整数で $2m + a$ も整数だから，

$a = 1$ かつ，$2m + a = 31$

または，$a = 31$ かつ，$2m + a = 1$

$a = 1$ のとき，$m = 15$

したがって，$n - 15 = 15^2$ より，$n = 240$

$a = 31$ のとき，$m = -15$

よって，$n - 15 = (-15)^2$ より，$n = 240$

$\boxed{2}$ (1) 2 と 4 の最小公倍数は 4 で，4 と 3 の最小公倍数は 12。

よって，求める数は 12 と 16 の最小公倍数である 48。

(2)【25】$= 2$ なので，【2×25】$=$【50】$= 5$

よって，【5×25】$=$【125】$= 2$

(3) 8 の累乗の一の位の数を調べると，

$8^1 = 8$，$8^2 = 64$ より，4，

8^3 は，$4 \times 8 = 32$ より，2，

8^4 は，$2 \times 8 = 16$ より，6，

8^5 は，$6 \times 8 = 48$ より，8 となるから，一の位の数は，8，4，2，6 の 4 つの数をくり返す。

$2020 \div 4 = 505$ より，8^{2020} の一の位の数は，くり返す 4 つの数のうちの 4 番目の 6。

これより，8^{2021} の一の位の数は 8 とわかるから，

$8 - 6 = 2$

(4) $\dfrac{35}{111} = 0.315315\cdots$ で，

小数点以下は 3，1，5 の 3 つの数字を順に繰り返す。

よって，$22 \div 3 = 7$ あまり 1 より，

3，1，5 の 3 つの数字を 7 回繰り返したあと，3 の数字が並ぶ。

(5) $41 \div 333 = 0.123123\cdots$ より，

1，2，3 の 3 個の数字がくり返される。

小数第 10 位の数は，$10 \div 3 = 3$ あまり 1 より，

3 個の数字が 3 回くり返された次の数字だから，1。

2．文字式 （P. 8〜12）

§1．式の計算

〈解答〉

$\boxed{1}$ (1) $-2x + 3$　(2) $4a + 10$　(3) $-\dfrac{5}{18}$

(4) $6xy$　(5) $\dfrac{x}{3}$　(6) b　(7) $2b$　(8) $-\dfrac{25}{36}a^2b$

(9) $\dfrac{4xy}{5}$　(10) $-10xy$

$\boxed{2}$ (1) $-\dfrac{5}{3}x + \dfrac{3}{2}y$　(2) $-5x + 4y$

(3) $-2x + 7y$　(4) $11a - 12b + 2$　(5) $4x + 5$

$\boxed{3}$ (1) $\dfrac{13}{12}b$　(2) $\dfrac{-x - 7y}{20}$　(3) $x - y$

(4) $\dfrac{a + 3b + 11}{14}$　(5) $\dfrac{11a - 5b}{12}$

(6) $\dfrac{-11a + b + 16c}{21}$　(7) $\dfrac{-x - y}{6}$

$\boxed{1}$ (1) 与式 $= -\dfrac{6x}{3} + \dfrac{9}{3} = -2x + 3$

(2) 与式 $= 7a + 4 - 3a + 6 = 4a + 10$

(3) 与式 $= \dfrac{3(2x - 3) - 2(3x - 2)}{18}$

$= \dfrac{6x - 9 - 6x + 4}{18} = -\dfrac{5}{18}$

(4) 与式 $= \dfrac{8x^2 \times 3y}{4x} = 6xy$

(5) 与式 $= -8x^3 \div 6x \div (-4x) = \dfrac{8x^3}{6x \times 4x} = \dfrac{x}{3}$

(6) 与式 $= a^2 \times ab^2 \times \dfrac{1}{a^3b} = b$

(7) 与式 $= 24ab^2 \times \left(-\dfrac{1}{6a}\right) \times \left(-\dfrac{1}{2b}\right) = 2b$

(8) 与式 $= \dfrac{a^3}{4} \div \left(-\dfrac{3a^2b}{10}\right) \times \dfrac{5ab^2}{6}$

$= -\dfrac{a^3 \times 10 \times 5ab^2}{4 \times 3a^2b \times 6} = -\dfrac{25}{36}a^2b$

(9) 与式 $= \dfrac{14}{15}x^2 \times \dfrac{9}{16}x^2y^2 \div \dfrac{21}{32}x^3y$

$= \dfrac{14x^2 \times 9x^2y^2 \times 32}{15 \times 16 \times 21x^3y} = \dfrac{4xy}{5}$

(10) 与式 $= \dfrac{4x^6y^4}{9} \div \dfrac{25x^2}{36} \times \left(-\dfrac{125}{8x^3 7^3}\right)$

$= -\dfrac{4x^6y^4 \times 36 \times 125}{9 \times 25x^2 \times 8x^3y^3} = -10xy$

$\boxed{2}$ (1) 与式 $= \dfrac{1}{3}x - \dfrac{6}{3}x + \dfrac{2}{2}y + \dfrac{1}{2}y$

$= -\dfrac{5}{3}x + \dfrac{3}{2}y$

(2) 与式 $= -3x + 3y - 2x + y = -5x + 4y$

(3) 与式 $= 4x + 4y - 6x + 3y = -2x + 7y$

(4) 与式 $= 6a - 2b - 10b + 5a + 2 = 11a - 12b + 2$

(5) 与式 $= -3 + 6x - 2x + 8 = 4x + 5$

$\boxed{3}$ (1) 与式 $= \dfrac{2(3a + 2b) - 3(2a - 3b)}{12}$

$= \dfrac{6a + 4b - 6a + 9b}{12} = \dfrac{13}{12}b$

(2) 与式 $= \dfrac{4(x + 2y) - 5(x + 3y)}{20}$

$= \dfrac{4x + 8y - 5x - 15y}{20} = \dfrac{-x - 7y}{20}$

(3) 与式 $= \dfrac{5(5x - 3y) - 2(2x + 3y)}{10} \times \dfrac{10}{21}$

$= \dfrac{25x - 15y - 4x - 6y}{10} \times \dfrac{10}{21}$

$= \dfrac{21x - 21y}{10} \times \dfrac{10}{21} = \dfrac{21(x - y)}{21} = x - y$

(4) 与式 $= \dfrac{2(4a - 2b - 5) - 7(a - b - 3)}{14}$

$= \dfrac{8a - 4b - 10 - 7a + 7b + 21}{14}$

$= \dfrac{a + 3b + 11}{14}$

(5) 与式 $= \dfrac{4(5a - 2b) - 3(a + 3b) - 6a + 12b}{12}$

$= \dfrac{20a - 8b - 3a - 9b - 6a + 12b}{12}$

$= \dfrac{11a - 5b}{12}$

(6) 与式 $= \dfrac{3(a - 2b + 3c) - 7(2a - b - c)}{21}$

$= \dfrac{3a - 6b + 9c - 14a + 7b + 7c}{21}$

$= \dfrac{-11a + b + 16c}{21}$

(7) 与式 $= \dfrac{4(x - 2y + 3z) - 3(2x - 2y + 4z)}{12}$

$= \dfrac{4x - 8y + 12z - 6x + 6y - 12z}{12}$

$= \dfrac{-2x - 2y}{12} = \dfrac{-x - y}{6}$

§2．式の展開

―――――〈解答〉―――――

$\boxed{1}$ (1) $x^3 - x$　(2) $x^2 + 5x + 6$

(3) $x^2 - 4x + 4$　(4) $81 - a^2$

(5) $x^2 - 2xy + 6x - 6y + 9$

(6) $x^2 + 7x + 12$　(7) $x^2 + 6x + 9 - y^2$

$\boxed{2}$ (1) $x^4 - 256$

(2) $x^4 + 10x^3 + 35x^2 + 50x + 24$

(3) $- x^2 + 4xy - 4y^2$　(4) $- x^2$　(5) $10xy$

$\boxed{1}$ (1) 与式 $= x \times x^2 - x \times 1 = x^3 - x$

(3) 与式 $= x^2 - 2 \times 2 \times x + 2^2 = x^2 - 4x + 4$

(4) 与式 $= 9^2 - a^2 = 81 - a^2$

(5) $x + 3 = $ A とおくと，

与式 $= $ A $($ A $- 2y) = $ A$^2 - 2y$A

$= (x + 3)^2 - 2y (x + 3)$

$= x^2 + 6x + 9 - 2xy - 6y$

$= x^2 - 2xy + 6x - 6y + 9$

(6) 与式 $= x^2 + 4x + 4 + 3x + 6 + 2$

$= x^2 + 7x + 12$

(7) $x + 3 = $ A とすると，

与式 $= ($ A $+ y) ($ A $- y) = $ A$^2 - y^2$

$= (x + 3)^2 - y^2 = x^2 + 6x + 9 - y^2$

$\boxed{2}$ (1) 与式 $= (x^2 - 16)(x^2 + 16) = (x^2)^2 - 16^2$

$= x^4 - 256$

(2) 与式 $= (x + 1)(x + 4)(x + 2)(x + 3)$

$= (x^2 + 5x + 4)(x^2 + 5x + 6)$

$x^2 + 5x = $ A とすると，

与式 $= ($ A $+ 4)($ A $+ 6) = $ A$^2 + 10$A$ + 24$

A $= x^2 + 5x$ をもどすと，

A$^2 + 10$A$ + 24$

$= (x^2 + 5x)^2 + 10 (x^2 + 5x) + 24$

$= x^4 + 10x^3 + 25x^2 + 10x^2 + 50x + 24$

$= x^4 + 10x^3 + 35x^2 + 50x + 24$

(3) 与式 $= (3x^2 + 9xy - xy - 3y^2)$

$- (4x^2 + 2 \times y \times 2x + y^2)$

$= 3x^2 + 9xy - xy - 3y^2 - 4x^2 - 4xy - y^2$

$= - x^2 + 4xy - 4y^2$

(4) 与式 $= x^2 + 12x + 36 - x^2 + 12x - 36$

$- x^2 + 36 - 24x - 36$

$= - x^2$

(5) 与式 $= (4x^2 + 4xy - 3y^2) - (x^2 - 6xy + 9y^2)$

$- 3 (x^2 - 4y^2)$

$= 4x^2 + 4xy - 3y^2 - x^2 + 6xy - 9y^2$

$- 3x^2 + 12y^2$

$= 10xy$

§3．因数分解

―――――〈解答〉―――――

$\boxed{1}$ (1) $x (x - 8)$　(2) $4xy (y - 7)$　(3) $(x - 4)^2$

(4) $(x - 3)^2$　(5) $(x + 3)(x + 7)$

(6) $(x - 4)(x - 9)$　(7) $(x + 8)(x - 8)$

(8) $(9x + 2)(9x - 2)$

$\boxed{2}$ (1) $(x + 1)(x - 9)$　(2) $a (x + 1)(x - 4)$

(3) $(x + y - 2)(x - y + 2)$

(4) $(2x + 3y - 1)(2x - 3y - 1)$

(5) $(x + 1)(y - 1)$　(6) $(x - y)(a + b)$

$\boxed{3}$ (1) $xy (x - y)(x + y + 1)$

(2) $(x - y - 4)(x - y + 3)$

(3) $(x - 2)(x - 4)(x - 3)^2$

(4) $(x - 2y)(x - 2y + 2z)$

(5) $(x - y - 2)(x - y - 3)$

$\boxed{4}$ (1) 4044000　(2) 1000　(3) 2022　(4) 1

(5) $- 400$　(6) 9500　(7) 5

$\boxed{5}$ (1) $(b =) 7$　(2) 9 (組)

$\boxed{1}$ (1) 共通因数は x なので，与式 $= x (x - 8)$

(2) 各項の共通因数は $4xy$ だから，与式 $= 4xy (y - 7)$

(3) 与式 $= x^2 - 2 \times 4 \times x + 4^2 = (x - 4)^2$

(4) 与式 $= x^2 - 2 \times x \times 3 + 3^2 = (x - 3)^2$

(5) 積が21，和が10となる2数は3と7なので，

与式 $= (x + 3)(x + 7)$

(6) 積が36，和が−13となる2数は−4と−9なので，

与式 $= (x - 4)(x - 9)$

(7) 与式 $= x^2 - 8^2 = (x + 8)(x - 8)$

(8) 与式 $= (9x)^2 - 2^2 = (9x + 2)(9x - 2)$

$\boxed{2}$ (1) $x - 2 = $ A とおくと，

与式 $= $ A$^2 - 4$A$ - 21 = ($ A $+ 3)($ A $- 7)$

$= (x - 2 + 3)(x - 2 - 7) = (x + 1)(x - 9)$

(2) $x - 1 = $ M とおくと，

与式 $= a$M$^2 - a$M$ - 6a = a (M^2 - M - 6)$

$= a ($M$ + 2)(M - 3)$

$\qquad = a\,(x - 1 + 2)\,(x - 1 - 3)$

$\qquad = a\,(x + 1)\,(x - 4)$

(3) 与式 $= x^2 - (y^2 - 4x + 4) = x^2 - (y - 2)^2$

$\quad y - 2 = \mathrm{A}$ とおくと，

$\quad x^2 - \mathrm{A}^2$

$\qquad = (x + \mathrm{A})\,(x - \mathrm{A})$

$\qquad = \{x + (y - 2)\}\,\{x - (y - 2)\}$

$\qquad = (x + y - 2)\,(x - y + 2)$

(4) 与式 $= 4x^2 - 4x + 1 - 9y^2$

$\qquad = (2x - 1)^2 - (3y)^2$

$\qquad = (2x + 3y - 1)\,(2x - 3y - 1)$

(5) 与式 $= (xy - x) + (y - 1) = x\,(y - 1) + (y - 1)$

$\qquad = (x + 1)\,(y - 1)$

(6) 与式 $= ax - ay + bx - by$

$\qquad = a\,(x - y) + b\,(x - y) = (x - y)\,(a + b)$

$\boxed{3}$ (1) 与式 $= xy\,(x^2 + x - y^2 - y)$

$\qquad = xy\,(x^2 - y^2 + x - y)$

$\qquad = xy\,\{(x + y)\,(x - y) + (x - y)\}$

$\qquad = xy\,(x - y)\,(x + y + 1)$

(2) $\mathrm{X} = x - y$ とおくと，

$\quad$ 与式 $= \mathrm{X}\,(\mathrm{X} - 1) - 12 = \mathrm{X}^2 - \mathrm{X} - 12$

$\qquad = \mathrm{X}^2 + (-4 + 3)\,\mathrm{X} + (-4) \times 3$

$\qquad = (\mathrm{X} - 4)\,(\mathrm{X} + 3) = (x - y - 4)\,(x - y + 3)$

(3) $x^2 - 6x = \mathrm{A}$ とおいて，

$\quad$ 与式 $= \mathrm{A}\,(\mathrm{A} + 17) + 72 = \mathrm{A}^2 + 17\mathrm{A} + 72$

$\qquad = (\mathrm{A} + 8)\,(\mathrm{A} + 9)$

$\qquad = (x^2 - 6x + 8)\,(x^2 - 6x + 9)$

$\qquad = (x - 2)\,(x - 4)\,(x - 3)^2$

(4) 与式 $= x^2 - 2 \times 2y \times x + (2y)^2 + 2z\,(x - 2y)$

$\qquad = (x - 2y)^2 + 2z\,(x - 2y)$

$\qquad = (x - 2y)\,(x - 2y + 2z)$

(5) 与式 $= (x^2 - 2xy + y^2) - 5\,(x - y) + 6$

$\qquad = (x - y)^2 - 5\,(x - y) + 6$

$\quad x - y = \mathrm{M}$ とおくと，

$\quad$ 与式 $= \mathrm{M}^2 - 5\mathrm{M} + 6 = (\mathrm{M} - 2)\,(\mathrm{M} - 3)$

$\qquad = (x - y - 2)\,(x - y - 3)$

$\boxed{4}$ (1) 与式 $= (2022 - 22) \times 2022 = 2000 \times 2022$

$\qquad = 4044000$

(2) 与式 $= (55 + 45)\,(55 - 45) = 100 \times 10 = 1000$

(3) 与式 $= (340 + 337)\,(340 - 337) - 3^2$

$\qquad = 677 \times 3 - 9 = 2031 - 9 = 2022$

(4) 与式 $= (x - y)^2$

この式に x, y の値を代入すると，

$\quad (100 - 99)^2 = 1^2 = 1$

(5) 与式 $= x\,(y + 1) - (y + 1)$

$\qquad = (y + 1)\,(x - 1) = (-21 + 1) \times (21 - 1)$

$\qquad = (-20) \times 20 = -400$

(6) 与式 $= x\,(x - 1) + (x - 3)\,\{(x - 2) - (x - 4)\}$

$\qquad = x\,(x - 1) + 2\,(x - 3) = x^2 + x - 6$

$\qquad = (x + 3)\,(x - 2) = (97 + 3)\,(97 - 2)$

$\qquad = 100 \times 95 = 9500$

(7) 与式 $= (a - b)^2 + ab + a - b - 1 - ab$

$\qquad = (a - b)^2 + a - b - 1$

$\qquad = (2021 - 2019)^2 + 2021 - 2019 - 1$

$\qquad = 2^2 + 2 - 1 = 5$

$\boxed{5}$ (1) $a^2 + 2ab + b^2 = (a + b)^2$ なので，

$\quad (a + b)^2 = 100$ より，$a + b = \pm\, 10$ だが，

$\quad a$, b が正の整数より，適するのは，$a + b = 10$

$\quad$ よって，$a = 3$ のとき，$3 + b = 10$ より，$b = 7$

(2) 和が 10 になる正の整数 $(a,\ b)$ の組なので，

$\quad (1,\ 9),\ (2,\ 8),\ (3,\ 7),\ (4,\ 6),\ (5,\ 5),\ (6,\ 4),$

$\quad (7,\ 3),\ (8,\ 2),\ (9,\ 1)$ の 9 組。

3．平方根　(P. 13～17)

§1．平方根の計算

―――――〈解答〉―――――

$\boxed{1}$ (1) $\sqrt{7}$　(2) $4\sqrt{2}$　(3) $3\sqrt{3}$　(4) 0

$\quad$ (5) $\sqrt{2} - \sqrt{5}$

$\boxed{2}$ (1) $4\sqrt{6}$　(2) 20　(3) 3　(4) $\sqrt{10}$　(5) 5

$\quad$ (6) $3\sqrt{5} + 5$　(7) $3\sqrt{10}$　(8) $16 - 2\sqrt{2}$

$\quad$ (9) $-4\sqrt{2}$

$\boxed{3}$ (1) $\sqrt{2}$　(2) $-5\sqrt{3}$　(3) $6\sqrt{2} + \sqrt{3}$

$\boxed{4}$ (1) $\sqrt{2}$　(2) 4　(3) $\sqrt{3}$

$\boxed{5}$ (1) 13　(2) $1 - 2\sqrt{3}$　(3) $3\sqrt{10}$　(4) $4\sqrt{10}$

$\quad$ (5) $\dfrac{3}{50}$

$\boxed{6}$ (1) 3　(2) 21　(3) 4　(4) 25

$\quad$ (5) $\dfrac{11\sqrt{2} - 4\sqrt{3}}{4}$

$\boxed{7}$ (1) 2　(2) $\dfrac{\sqrt{5} - \sqrt{3}}{2}$　(3) $\sqrt{5}$

$\boxed{1}$ (1) 与式 $= 2\sqrt{7} - \sqrt{7} = \sqrt{7}$

(2) 与式 $= \sqrt{2^2 \times 2} - \sqrt{2} + \sqrt{3^2 \times 2}$

$= 2\sqrt{2} - \sqrt{2} + 3\sqrt{2} = 4\sqrt{2}$

(3) 与式 $= 2\sqrt{3} + 5\sqrt{3} - 4\sqrt{3} = 3\sqrt{3}$

(4) 与式 $= 3\sqrt{6} - \sqrt{6} - 2\sqrt{6} = 0$

(5) 与式 $= \sqrt{4^2 \times 2} - 3\sqrt{5} - \sqrt{3^2 \times 2} + \sqrt{2^2 \times 5}$

$= 4\sqrt{2} - 3\sqrt{5} - 3\sqrt{2} + 2\sqrt{5}$

$= \sqrt{2} - \sqrt{5}$

2 (1) 与式 $= 2\sqrt{2} \times 2\sqrt{3} = 4\sqrt{6}$

(2) 与式 $= 4\sqrt{5} \times \sqrt{5} = 20$

(3) 与式 $= \sqrt{9} = 3$

(4) 与式 $= \sqrt{\dfrac{35 \times 6}{21}} = \sqrt{10}$

(5) 与式 $= \sqrt{350} \div \sqrt{14} = \sqrt{25} = 5$

(6) 与式 $= \sqrt{5} - 2 + 2\sqrt{5} + 7 = 3\sqrt{5} + 5$

(7) 与式 $= \sqrt{\dfrac{15 \times 2}{3}} + 2\sqrt{10} = \sqrt{10} + 2\sqrt{10} = 3\sqrt{10}$

(8) 与式 $= \sqrt{3}(\sqrt{6} + 2\sqrt{3}) - \sqrt{5}(\sqrt{10} - 2\sqrt{5})$

$= 3\sqrt{2} + 6 - 5\sqrt{2} + 10 = 16 - 2\sqrt{2}$

(9) 与式 $= (-24\sqrt{3} + \sqrt{2^2 \times 3^3}) \div \sqrt{6} + \sqrt{5^2 \times 2}$

$= \dfrac{-24\sqrt{3} + 6\sqrt{3}}{\sqrt{6}} + 5\sqrt{2}$

$= -\dfrac{18\sqrt{3}}{\sqrt{6}} + 5\sqrt{2}$

$= -\dfrac{18\sqrt{3} \times \sqrt{6}}{6} + 5\sqrt{2}$

$= -9\sqrt{2} + 5\sqrt{2} = -4\sqrt{2}$

3 (1) 与式 $= \sqrt{4^2 \times 2} - \dfrac{6 \times \sqrt{2}}{\sqrt{2} \times \sqrt{2}}$

$= 4\sqrt{2} - 3\sqrt{2} = \sqrt{2}$

(2) 与式 $= 3\sqrt{3} - 4\sqrt{3} - 4\sqrt{3} = -5\sqrt{3}$

(3) 与式 $= 3\sqrt{2} + 3\sqrt{3} + \dfrac{6\sqrt{2}}{2} - 2\sqrt{3}$

$= 3\sqrt{2} + 3\sqrt{3} + 3\sqrt{2} - 2\sqrt{3}$

$= 6\sqrt{2} + \sqrt{3}$

4 (1) 与式 $= \dfrac{3}{\sqrt{2}} + 3\sqrt{2} - \dfrac{7}{\sqrt{2}} = 3\sqrt{2} - \dfrac{4}{\sqrt{2}}$

$= 3\sqrt{2} - \dfrac{4\sqrt{2}}{2} = 3\sqrt{2} - 2\sqrt{2} = \sqrt{2}$

(2) 与式 $= \left(\dfrac{3\sqrt{3} - \sqrt{3}}{\sqrt{2}} - \dfrac{\sqrt{2}}{\sqrt{3}} \right) \times \sqrt{6}$

$= \left(\dfrac{2\sqrt{3}}{\sqrt{2}} - \dfrac{\sqrt{6}}{3} \right) \times \sqrt{6}$

$= \left(\sqrt{6} - \dfrac{\sqrt{6}}{3} \right) \times \sqrt{6}$

$= \dfrac{2\sqrt{6}}{3} \times \sqrt{6} = 4$

(3) 与式 $= \sqrt{3} - 5\sqrt{3} + \dfrac{2 \times 3 \times 5}{2\sqrt{3}}$

$= \sqrt{3} - 5\sqrt{3} + 5\sqrt{3} = \sqrt{3}$

5 (1) 与式 $= 12 + 4\sqrt{3} + 1 - 2 \times 2\sqrt{3} = 13$

(2) 与式 $= 3 - 4\sqrt{3} + 2\sqrt{3} - 8 - (3 - 9)$

$= -5 - 2\sqrt{3} + 6 = 1 - 2\sqrt{3}$

(3) 与式 $= \sqrt{5}(\sqrt{3} + \sqrt{2})(\sqrt{3} - \sqrt{2})$

$\times \sqrt{2}(\sqrt{5} + \sqrt{2})(\sqrt{5} - \sqrt{2})$

$= \sqrt{5}(3 - 2) \times \sqrt{2}(5 - 2) = \sqrt{5} \times 3\sqrt{2}$

$= 3\sqrt{10}$

(4) $\sqrt{5} + \sqrt{2} = A$, $\sqrt{5} - \sqrt{2} = B$ とすると,

与式 $= A^2 - B^2 = (A + B)(A - B)$

$= (\sqrt{5} + \sqrt{2} + \sqrt{5} - \sqrt{2})(\sqrt{5} + \sqrt{2}$

$- \sqrt{5} + \sqrt{2})$

$= 2\sqrt{5} \times 2\sqrt{2} = 4\sqrt{10}$

(5) 与式 $= \left(\sqrt{\dfrac{3}{2}} - \sqrt{\dfrac{24}{25}} \right)^2$

$= \left(\sqrt{\dfrac{3}{2}} \right)^2 - 2 \times \sqrt{\dfrac{3}{2}} \times \sqrt{\dfrac{24}{25}}$

$+ \left(\sqrt{\dfrac{24}{25}} \right)^2$

$= \dfrac{3}{2} - \dfrac{12}{5} + \dfrac{24}{25} = \dfrac{3}{50}$

6 (1) $x^2 + 4x + 4 = (x + 2)^2$ に $x = \sqrt{3} - 2$ を代入して, $(\sqrt{3} - 2 + 2)^2 = (\sqrt{3})^2 = 3$

(2) $x + y = 2\sqrt{6}$, $xy = 6 - 3 = 3$ より,

与式 $= (x + y)^2 - xy = (2\sqrt{6})^2 - 3 = 24 - 3$

$= 21$

(3) $x^2 - xy + y^2 = (x - y)^2 + xy$ で,

$x - y = \dfrac{\sqrt{7} + \sqrt{3}}{2} - \dfrac{\sqrt{7} - \sqrt{3}}{2} = \sqrt{3}$,

$xy = \dfrac{\sqrt{7} + \sqrt{3}}{2} \times \dfrac{\sqrt{7} - \sqrt{3}}{2} = 1$ だから,

$(x - y)^2 + xy = (\sqrt{3})^2 + 1 = 4$

(4) 与式 $= (a - b)^2$ で,

$a - b = 3 + \sqrt{7} - (8 + \sqrt{7}) = -5$ だから,

$(a - b)^2 = (-5)^2 = 25$

(5) $a^2 = 3 + 2\sqrt{6} + 2 = 5 + 2\sqrt{6}$,

$4ab = 4 \times (3 - 2) = 4$,

$2b^2 = 2 \times (3 - 2\sqrt{6} + 2) = 10 - 4\sqrt{6}$,

$a - b = 2\sqrt{2}$ だから,

与式 $= \dfrac{5 + 2\sqrt{6} - 4 + 10 - 4\sqrt{6}}{2\sqrt{2}}$

$= \dfrac{11 - 2\sqrt{6}}{2\sqrt{2}} = \dfrac{11\sqrt{2} - 4\sqrt{3}}{4}$

$\boxed{7}$ (1) 与式 $= 5 - 3 = 2$

(2) 与式 $= \dfrac{1 \times (\sqrt{5} - \sqrt{3})}{(\sqrt{5} + \sqrt{3})(\sqrt{5} - \sqrt{3})}$

$= \dfrac{\sqrt{5} - \sqrt{3}}{2}$

(3) 与式 $= \dfrac{(\sqrt{5} - \sqrt{3}) + (\sqrt{5} + \sqrt{3})}{(\sqrt{5} + \sqrt{3})(\sqrt{5} - \sqrt{3})} = \dfrac{2\sqrt{5}}{2}$

$= \sqrt{5}$

§2．平方根の性質

―――〈解答〉―――

$\boxed{1}$ (1) 3　(2) 7　(3) 3　(4) 1

$\boxed{2}$ (1) 10　(2) 12, 27　(3) 6（個）　(4) 6（個）

(5) 5　(6) 25　(7) 24

$\boxed{1}$ (1) $\sqrt{9} < \sqrt{10} < \sqrt{16}$ より,

$3 < \sqrt{10} < 4$ なので, $a = 3$

よって, 与式 $= 3^2 - 3 - 3 = 3$

(2) $\sqrt{9} < \sqrt{11} < \sqrt{16}$ より, $3 < \sqrt{11} < 4$ なので,

$a = 3$ だから, $b = \sqrt{11} - 3$

よって,

与式 $= (a + b)(a - b) - 6b$

$= (3 + \sqrt{11} - 3)\{3 - (\sqrt{11} - 3)\}$

$\quad - 6(\sqrt{11} - 3)$

$= \sqrt{11}(6 - \sqrt{11}) - 6\sqrt{11} + 18$

$= 6\sqrt{11} - 11 - 6\sqrt{11} + 18 = 7$

(3) $\sqrt{1} < \sqrt{3} < \sqrt{4}$ より, $1 < \sqrt{3} < 2$ なので,

$-2 < -\sqrt{3} < -1$

したがって, $2 < 4 - \sqrt{3} < 3$ より,

$4 - \sqrt{3}$ の整数部分は 2 となるので,

$4 - \sqrt{3} = 2 + a$ から, $a = 2 - \sqrt{3}$

よって,

与式 $= (a - 2)^2 = (2 - \sqrt{3} - 2)^2 = (-\sqrt{3})^2 = 3$

(4) $(\sqrt{3} + 1)^2 = 3 + 2\sqrt{3} + 1 = 4 + \sqrt{12}$ で,

$\sqrt{9} < \sqrt{12} < \sqrt{16}$ より, $3 < \sqrt{12} < 4$ だから,

$4 + 3 < 4 + \sqrt{12} < 4 + 4$ より, $7 < 4 + \sqrt{12} < 8$

よって, $4 + \sqrt{12} = 7 + a$ と表せるから,

$a = \sqrt{12} - 3$

また, $(\sqrt{3} - 1)^2 = 3 - 2\sqrt{3} + 1 = 4 - \sqrt{12}$ で,

$-\sqrt{16} < -\sqrt{12} < -\sqrt{9}$ より,

$-4 < -\sqrt{12} < -3$ だから,

$4 - 4 < 4 - \sqrt{12} < 4 - 3$ より, $0 < 4 - \sqrt{12} < 1$

よって, $4 - \sqrt{12} = 0 + b$ と表せるから,

$b = 4 - \sqrt{12}$

したがって,

与式 $= (a + b)^2 = (\sqrt{12} - 3 + 4 - \sqrt{12})^2 = 1^2$

$= 1$

$\boxed{2}$ (1) $\sqrt{160n} = \sqrt{2^5 \times 5 \times n}$ より, 指数が偶数にな

ればよいから, 最小の自然数 n は, $n = 2 \times 5 = 10$

(2) $\sqrt{\dfrac{108}{a}} = \sqrt{\dfrac{2^2 \times 3^3}{a}} = 6\sqrt{\dfrac{3}{a}}$

これが整数となるとき,

$\sqrt{\dfrac{3}{a}} = 1, \ \dfrac{1}{2}, \ \dfrac{1}{3}, \ \dfrac{1}{6}$ だから,

$\dfrac{3}{a} = 1, \ \dfrac{1}{4}, \ \dfrac{1}{9}, \ \dfrac{1}{36}$ 　よって, $a = 3, 12, 27, 108$

このうち, 2 けたの自然数は 12 と 27。

(3) $100 - 3a$ は整数の 2 乗だから,

$100 - 3a = 0$ のとき, $a = \dfrac{100}{3}$

1 のとき, $a = 33$ 　4 のとき, $a = 32$

9 のとき, $a = \dfrac{91}{3}$ 　16 のとき, $a = 28$

25 のとき, $a = 25$ 　36 のとき, $a = \dfrac{64}{3}$

49 のとき, $a = 17$ 　64 のとき, $a = 12$

81 のとき, $a = \dfrac{19}{3}$

$100 - 3a$ が 100 以上のとき, a は正の整数にならない。

よって, 正の整数 a の個数は, 6 個。

(4) $5 < \sqrt{7a} < 8$ より, $25 < 7a < 64$

よって, $\dfrac{25}{7} < a < \dfrac{64}{7}$

a は自然数だから, この不等式を満たすのは,

$a = 4, 5, 6, 7, 8, 9$ の 6 個。

(5) $\sqrt{25} < \sqrt{30} < \sqrt{36}$ より，$5 < \sqrt{30} < 6$ だから，

$a < \sqrt{30}$ となる最も大きい自然数 a は 5。

(6) $\sqrt{\dfrac{900}{n}} = \dfrac{\sqrt{900}}{\sqrt{n}} = \dfrac{30}{\sqrt{n}}$

よって，$\sqrt{n}$ が 30 の約数のとき，$\sqrt{\dfrac{900}{n}}$ は自然数

となる。

30 の約数は，1，2，3，5，6，10，15，30 だから，

$n = 1$，4，9，25，36，100，225，900

この中で，$\dfrac{n + 2}{9}$ が自然数となるのは，$n = 25$

(7) $4 < \sqrt{n} < 5$ より，$\sqrt{16} < \sqrt{n} < \sqrt{25}$ だから，

$\sqrt{96} < \sqrt{6n} < \sqrt{150}$

96 以上 150 以下の数で自然数を 2 乗した数は 100，

121，144 で，このうち 6 の倍数は 144 だから，

$6n = 144$ より，$n = 24$

4．方程式 (P. 18～26)

§1．1次方程式

〈解答〉

$\boxed{1}$ (1) $x = -5$　(2) $x = 5$　(3) $x = -\dfrac{10}{3}$

(4) $x = -26$　(5) $x = \dfrac{7}{2}$　(6) $x = -15$

(7) $x = 18$　(8) $x = \dfrac{5}{2}$

$\boxed{2}$ (1) $x = 150$　(2) $x = 40$　(3) 12 (km)

(4) 500 (m)　(5) $x = 25$

$\boxed{1}$ (1) -1 と $5x$ を移項して，

$3x - 5x = 9 + 1$ より，$-2x = 10$

よって，$x = -5$

(2) かっこを外して，$5x - 7 = 9x - 27$ だから，

$-4x = -20$　よって，$x = 5$

(3) 両辺を 10 倍すると，$6x - 5(3x - 2) = 40$ なので，

$6x - 15x + 10 = 40$ より，$-9x = 30$ なので，

$x = -\dfrac{10}{3}$

(4) 両辺を 15 倍して，$3(3x - 7) = 5(2x + 1)$ より，

$9x - 21 = 10x + 5$　よって，$x = -26$

(5) 両辺を 12 倍して，$36 - (x - 5) = 3(3x + 2)$

式を整理すると，$10x = 35$ だから，$x = \dfrac{7}{2}$

(6) 両辺を 6 倍して，$2x + 9 = x - 6$ だから，

$x = -15$

(7) $2x = 12 \times 3$ だから，$2x = 36$　よって，$x = 18$

(8) 比例式の性質より，$5(x - 1) = 3x$

かっこを外して，$5x - 5 = 3x$

移項して整理すると，$2x = 5$ より，$x = \dfrac{5}{2}$

$\boxed{2}$ (1) 含まれる食塩の重さの関係から，

$100 \times \dfrac{3}{100} + x \times \dfrac{8}{100} = (100 + x) \times \dfrac{6}{100}$

これを解いて，$x = 150$

(2) それぞれの食塩の量の和は，

$510 \times \dfrac{8}{100} + 170 \times \dfrac{16}{100} + x = x + 68$ (g)

できた食塩水に含まれる食塩の量は，

$(510 + 170 + x) \times \dfrac{15}{100} = \dfrac{3}{20}x + 102$ (g)

どちらも同じ食塩の量なので，

$x + 68 = \dfrac{3}{20}x + 102$

両辺を 20 倍して，$20x + 1360 = 3x + 2040$ より，

$17x = 680$　よって，$x = 40$

(3) 時速 4 km で歩いた道のりを x km とすると，

時速 9 km で走った道のりは $(18 - x)$ km。

したがって，$\dfrac{18 - x}{9} + \dfrac{x}{4} = 3\dfrac{40}{60}$ が成り立つ。

両辺に 36 をかけると，

$4(18 - x) + 9x = 132$ となるので，

$5x = 60$ より，$x = 12$

(4) 妹が出発してから x 分後に兄に追いついたとする。

兄は $(10 + x)$ 分間歩いているから，

進んだ道のりは $60(10 + x)$ m

妹が進んだ道のりは $100x$ m だから，

$60(10 + x) = 100x$ が成り立つ。

これを解いて，$x = 15$

2 km = 2000 m だから，学校まであと，

$2000 - 100 \times 15 = 500$ (m) のところ。

(5) 原価は，$1000 - 600 = 400$ (円)

350 円の利益を出すには，

$400 + 350 = 750$ (円) で売ればよい。

$1000 \times \dfrac{(100 - x)}{100} = 750$ より，$x = 25$

§2．連立方程式

───〈解答〉───

1　(1) $x = -1$, $y = \dfrac{1}{3}$　(2) $x = 5$, $y = 4$

　　(3) $x = -8$, $y = -7$　(4) $x = 1$, $y = -2$

　　(5) $x = -\dfrac{2}{3}$, $y = -7$　(6) $x = -1$, $y = 2$

　　(7) $x = 3$, $y = 2$　(8) $x = \dfrac{5}{2}$, $y = 2$

2　(1) $a = 5$, $b = -2$　(2) $a = 2$, $b = 1$

　　(3) $a = 20$, $b = 22$　(4) $a = -2$, $b = 3$

3　13100（円）

4　(a) 540　(b) 220

5　(1) $\begin{cases} x + y = 13 \\ 5(x - 1) + 4 + 4y + 3 = 60 \end{cases}$

　　(2)（男子）29（人）　（女子）31（人）

6　(1) $\begin{cases} x + y = 525 \\ \dfrac{96}{100}x + \dfrac{106}{100}y = 529 \end{cases}$　(2) 250 人

　　(3) 264 人

7　（A 地点から B 地点まで）8 km，

　　（B 地点から C 地点まで）5 km

8　(1)（秒速）$1.5y$（m）　(2) $60y - 950$（m）

　　(3) $y = \dfrac{2}{25}x$

　　(4)（長さ）250（m）　（速さ）（秒速）20（m）

9　(1) $10y + x$　(2) 84

10　(1) $10a + b$　(2) 25

1　(1) 与式を順に①，②とする。

　①を②に代入して，$3y - 2 + 12y = 3$ より，

　$15y = 5$　よって，$y = \dfrac{1}{3}$

　これを①に代入して，$x = 3 \times \dfrac{1}{3} - 2 = -1$

(2) 与式を順に①，②とする。

　①×5 −②×4 より，$-13x = -65$ なので，$x = 5$

　①に代入して，$3 \times 5 - 4y = -1$ より，

　$-4y = -16$ なので，$y = 4$

(3) 与式を順に①，②とおく。

　①の両辺を6倍して，$3x + 2(4 - 2y) = 12$ より，

　$3x - 4y = 4$……③

　②より，$2x + 2y - 3x + 12 = 6$ から，

　$-x + 2y = -6$……④

　③+④×2 より，$3x - 2x = 4 - 12$ から，$x = -8$

　これを③に代入して，

　$3 \times (-8) - 4y = 4$ より，$-4y = 28$

　両辺を−4でわって，$y = -7$

(4) 与式を順に①，②とする。

　①より，$3x - 2x - 2y = 5$

　よって，$x - 2y = 5$……③

　②×6 より，$3(x + 3) + 2(y - 1) = 6$

　整理して，$3x + 2y = -1$……④

　③+④より，$4x = 4$　よって，$x = 1$

　これを③に代入して，$1 - 2y = 5$ より，$y = -2$

(5) 与式を順に(i)，(ii)とおく。

　(i)の両辺に 10 をかけて，$6x - 2x = 10$

　両辺を2で割って，$3x - y = 5$……(iii)

　(ii)の両辺に 12 をかけて，$3x - 2y = 12$……(iv)

　(iii)−(iv)より，$y = -7$

　これを(iii)に代入して，$3x - (-7) = 5$ から，

　$3x = -2$ より，$x = -\dfrac{2}{3}$

(6) 与式を順に①，②とする。

　①× 10 より，$2x - 7y = -16$……③

　②× 12 より，$3(x + 2) + 4(y - 3) = -1$

　整理して，$3x + 4y = 5$……④

　③× 3 −④× 2 より，$-29y = -58$ だから，$y = 2$

　これを③に代入して，$2x - 14 = -16$ より，

　$2x = -2$ だから，$x = -1$

(7) $3x - 2y = 5$……①，$-x + 4y = 5$……②とすると，

　①+②× 3 より，$10y = 20$　よって，$y = 2$

　これを①に代入すると，

　$3x - 2 \times 2 = 5$ より，$x = 3$

(8) $3x - y + 2 = x + 2y + 1$ より，

　$2x - 3y = -1$……①

　$3x - y + 2 = 5x - 6y + 7$ より，

　$-2x + 5y = 5$……②

　①+②より，$2y = 4$

　両辺を2でわって，$y = 2$

　これを①に代入して，

　$2x - 3 \times 2 = -1$ より，$2x = 5$

　両辺を2でわって，$x = \dfrac{5}{2}$

2　(1) x, y の値を代入して，$3a + 7b = 1$……①，

$-a-3b=1$……②とすると，

①＋②×3 より，$-2b=4$ なので，$b=-2$

②に代入して，$-a-3\times(-2)=1$ より，$a=5$

(2) 連立方程式に $x=-6$，$y=1$ を代入すると，

　$-6a+b=-11$……㋐，$-a-6b=-8$……㋑

　㋐－㋑×6 より，$37b=37$ なので，$b=1$

　㋐に代入して，$-6a+1=-11$ より，$a=2$

(3) 与式を順に①，②とする。

　これらに，$x=2$，$y=3$ を代入して整理すると，

$$\begin{cases} 2a+3b=106\cdots\cdots①' \\ 4a-3b=14\cdots\cdots②' \end{cases}$$

①′＋②′より，$6a=120$　よって，$a=20$

これを①′に代入して，$40+3b=106$ より，

$3b=66$　よって，$b=22$

(4) $\begin{cases} 2x-y=5\cdots\cdots㋐ \\ 3x+2y=4\cdots\cdots㋑ \end{cases}$ で，

　㋐×2 より，$4x-2y=10$……㋒

　㋑＋㋒より，$7x=14$　よって，$x=2$

　これを㋐に代入して，$2\times2-y=5$ より，$y=-1$

　x，y の値を残りの式に代入して連立方程式にすると，

$$\begin{cases} 2a-b=-7\cdots\cdots㋔ \\ -a+2b=8\cdots\cdots㋕ \end{cases}$$

㋔×2 より，$4a-2b=-14$……㋖

㋕＋㋖より，$3a=-6$　よって，$a=-2$

これを㋔に代入して，$2\times(-2)-b=-7$ より，

$-b=-3$　よって，$b=3$

3. 50 円硬貨の枚数を x 枚，500 円硬貨の枚数を y 枚
とすると，

$$\begin{cases} x+y=100\cdots\cdots① \\ 4x+7y=804-350\cdots\cdots② \end{cases}$$

①×4 －②より，$-3y=-54$ なので，$y=18$

①に代入して，$x+18=100$ より，$x=82$

したがって，貯金した金額は，

$50\times82+500\times18=13100$（円）

4. 商品 A，B の税抜き価格をそれぞれ x 円，y 円と
する。

現金で購入するときの消費税額について，

$\dfrac{8}{100}x+\dfrac{10}{100}y=60$……①が成り立つ。

また，キャッシュレス決済で支払う金額について，

$$\left\{\left(1+\dfrac{8}{100}\right)x+\left(1+\dfrac{10}{100}\right)y\right\}\times\left(1-\dfrac{5}{100}\right)$$

$=722$……②が成り立つ。

①を整理すると，$4x+5y=3000$……③

②を整理すると，$54x+55y=38000$……④

④－③×11 より，$10x=5000$ だから，$x=500$

これを③に代入して，$4\times500+5y=3000$ より，

$5y=1000$ だから，$y=200$

よって，

商品 A の税込み価格は，$500\times\dfrac{108}{100}=540$（円），

商品 B の税込み価格は，$200\times\dfrac{110}{100}=220$（円）

5. (1) 男子の生徒数は，$\{5(x-1)+4\}$ 人，

女子の生徒数は，$(4y+3)$ 人と表せる。

よって，$\begin{cases} x+y=13\cdots\cdots① \\ 5(x-1)+4+4y+3=60\cdots\cdots② \end{cases}$ が

成り立つ。

(2) ②を整理して，$5x+4y=58$……③

③－①×4 より，$x=6$

これを①に代入して，$6+y=13$ より，$y=7$

よって，男子の人数は，$5\times(6-1)+4=29$（人），

女子の人数は，$4\times7+3=31$（人）

6. (1) 去年の生徒数より，$x+y=525$……①

今年の生徒数は，

男子が，$x\times\left(1-\dfrac{4}{100}\right)=\dfrac{96}{100}x$（人），

女子が，$y\times\left(1+\dfrac{6}{100}\right)=\dfrac{106}{100}y$（人），

男女合わせると，$525+4=529$（人）なので，

$\dfrac{96}{100}x+\dfrac{106}{100}y=529$……②

(2) ②×100 より，$96x+106y=52900$……③

①×96 より，$96x+96y=50400$……④

③－④より，$10y=2500$　よって，$y=250$

(3) ①に $y=250$ を代入すると，

$x+250=525$ より，$x=275$

今年の男子の人数は $\dfrac{96}{100}x$ 人なので，

これに $x=275$ を代入すると，

$\dfrac{96}{100}\times275=264$（人）

7. A 地点から B 地点までの道のりを x km，B 地点
から C 地点までの道のりを y km とすると，

$$\begin{cases} x + y = 13\cdots\cdots① \\ \dfrac{x}{3} + \dfrac{20}{60} + \dfrac{y}{5} = 4\cdots\cdots② \end{cases}$$

②の両辺を 15 倍して，$5x + 5 + 3y = 60$ より，

$5x + 3y = 55\cdots\cdots③$

③$-$①$\times 3$ より，$2x = 16$ なので，$x = 8$

①に代入して，$8 + y = 13$ より，$y = 5$

$\boxed{8}$ (1) 電車 B の速さは電車 A の速さの 1.5 倍だから，
秒速 $1.5y$ m。

(2) 電車 A はトンネルに入り始めてから出終わるまで
の $(950 + x)$ m を，秒速 y m で走って 1 分，つまり
60 秒かかるから，$\dfrac{950 + x}{y} = 60$ が成り立つ。

$950 + x = 60y$ より，x について解くと，

$x = 60y - 950\cdots\cdots①$

よって，電車 A の長さは $(60y - 950)$ m。

(3) 2 つの電車が出会ってから離れるまでの，

$x + x = 2x$ (m) を，それぞれ反対方向に秒速 y m
と秒速 $1.5y$ m で走って 10 秒かかるから，

$y \times 10 + 1.5y \times 10 = 2x$ が成り立つ。

$25y = 2x$ より，$y = \dfrac{2}{25}x\cdots\cdots②$

(4) ②を①に代入して，

$x = 60 \times \dfrac{2}{25}x - 950$ より，$x = \dfrac{24}{5}x - 950$

移項して，$\dfrac{19}{5}x = 950$ だから，$x = 250$

これを②に代入して，$y = \dfrac{2}{25} \times 250 = 20$

$\boxed{9}$ (1) 十の位が y，一の位が x となるから，

$10y + x$ と表せる。

(2) A の十の位と一の位の数の関係から，$x = 2y\cdots\cdots⑦$
B と A の関係から，

$10y + x = (10x + y) - 36\cdots\cdots①$ が成り立つ。

①を整理して，$x - y = 4\cdots\cdots⑦$

⑦を⑦に代入して，$2y - y = 4$ より，$y = 4$

これを⑦に代入して，$x = 2 \times 4 = 8$

よって，A $= 84$

$\boxed{10}$ (1) $10 \times a + b = 10a + b$

(2) 整数 A の十の位の数を a，一の位の数を b とすると，
整数 A は $10a + b$，整数 A の十の位と一の位を入れ
かえてできた 2 けたの整数は $10b + a$ と表せる。

⑦より，$(10b + a) \div 2 = (10a + b) + 1\cdots\cdots(i)$

①より，$(a + b) \times 3 = (10a + b) - 4\cdots\cdots(ii)$

(i)より，$19a - 8b = -2\cdots\cdots(iii)$

(ii)より，$7a - 2b = 4\cdots\cdots(iv)$

(iii)$-$(iv)$\times 4$ より，$-9a = -18$　よって，$a = 2$

これを(iv)に代入して，$7 \times 2 - 2b = 4$ より，$b = 5$

よって，整数 A は 25。

§3．2次方程式

$$\boxed{\text{〈解答〉}}$$

$\boxed{1}$ (1) $x = 2 \pm \sqrt{5}$　(2) $x = -5,\ -1$

　(3) $x = 2,\ 11$　(4) $x = -6,\ 2$

　(5) $x = 4 \pm \sqrt{23}$　(6) $x = \dfrac{1 \pm \sqrt{5}}{2}$

　(7) $x = \dfrac{3 \pm \sqrt{3}}{3}$　(8) $x = -4 \pm \sqrt{14}$

$\boxed{2}$ (1) $x = 1 \pm \sqrt{2}$　(2) $x = 2,\ -\dfrac{1}{3}$

　(3) $x = -6 \pm 3\sqrt{3}$　(4) $x = 11,\ 0$　(5) $x = 1$

　(6) $x = \dfrac{3}{2}$

$\boxed{3}$ (1) (例) $x^2 + 4x - 5 = 0$

　(2) $(a =)\ 4 \pm 2\sqrt{3}$　(3) $(a =) -3$　$(b =) -10$

　(4) $(a =)\ 6,\ -6$　(5) $(a =) -4$

$\boxed{4}$ (1) $\dfrac{3}{4}$　(2) 7　(3) 6　(4) 7, 8, 9

　(5) 21, 22, 23, 24

$\boxed{5}$ (1) 49　(2) $n^2 + n + 1$　(3) 12 (番目)

$\boxed{6}$ $2 + \sqrt{5}$ (cm)

$\boxed{7}$ 2 (cm)

$\boxed{8}$ (1) イ　(2) 6 (cm)　(3) $-1 + \sqrt{13}$ (cm)

$\boxed{1}$ (1) $x - 2 = \pm\sqrt{5}$ より，$x = 2 \pm \sqrt{5}$

(2) 両辺を 2 で割ると，

　$(x + 3)^2 = 4$ より，$x + 3 = \pm 2$

　よって，$x = -5,\ -1$

(3) 左辺を因数分解して，

　$(x - 2)(x - 11) = 0$ より，$x = 2,\ 11$

(4) $(x + 6)(x - 2) = 0$ より，$x = -6,\ 2$

(5) 解の公式より，

$$x = \dfrac{-(-8) \pm \sqrt{(-8)^2 - 4 \times 1 \times (-7)}}{2 \times 1}$$

$$= \dfrac{8 \pm \sqrt{64 + 28}}{2} = \dfrac{8 \pm \sqrt{92}}{2} = \dfrac{8 \pm 2\sqrt{23}}{2}$$

$= 4 \pm \sqrt{23}$

(6) 解の公式より，

$$x = \frac{-(-1) \pm \sqrt{(-1)^2 - 4 \times 1 \times (-1)}}{2 \times 1}$$

$$= \frac{1 \pm \sqrt{5}}{2}$$

(7) 解の公式より，

$$x = \frac{-(-6) \pm \sqrt{(-6)^2 - 4 \times 3 \times 2}}{2 \times 3}$$

$$= \frac{6 \pm 2\sqrt{3}}{6} = \frac{3 \pm \sqrt{3}}{3}$$

(8) 解の公式より，

$$x = \frac{-8 \pm \sqrt{8^2 - 4 \times 1 \times 2}}{2 \times 1} = \frac{-8 \pm \sqrt{56}}{2}$$

$$= -4 \pm \sqrt{14}$$

[2] (1) 式を展開して，

$3x^2 + 6x - 7x - 14 = 5x - 11$ だから，

整理すると，$x^2 - 2x - 1 = 0$

解の公式より，

$$x = \frac{-(-2) \pm \sqrt{(-2)^2 - 4 \times 1 \times (-1)}}{2 \times 1}$$

$$= \frac{2 \pm \sqrt{8}}{2} = \frac{2 \pm 2\sqrt{2}}{2} = 1 \pm \sqrt{2}$$

(2) $2x^2 + 2x - 3x - 3 + x^2 - 4x + 4 = 3$ より，

$3x^2 - 5x - 2 = 0$

よって，解の公式より，

$$x = \frac{-(-5) \pm \sqrt{(-5)^2 - 4 \times 3 \times (-2)}}{2 \times 3}$$

$$= \frac{5 \pm 7}{6} = 2, \ -\frac{1}{3}$$

(3) 展開して，

$4x^2 - 9 - 3(x^2 - 4x + 4) + 30 = 0$ より，

$4x^2 - 9 - 3x^2 + 12x - 12 + 30 = 0$ だから，

$x^2 + 12x + 9 = 0$

解の公式より，

$$x = \frac{-12 \pm \sqrt{12^2 - 4 \times 1 \times 9}}{2 \times 1}$$

$$= \frac{-12 \pm \sqrt{108}}{2} = \frac{-12 \pm 6\sqrt{3}}{2}$$

$$= -6 \pm 3\sqrt{3}$$

(4) $x - 4 = A$ とすると，

$A^2 - 3A - 28 = 0$ より，$(A - 7)(A + 4) = 0$

よって，A $= 7$，-4 より，

$x - 4 = 7$，$x - 4 = -4$ なので，$x = 11$，0

(5) X $= x + 2$ とおくと，

$X^2 - 6X + 9 = 0$ より，$(X - 3)^2 = 0$

よって，X $= 3$ だから，$x + 2 = 3$ より，$x = 1$

(6) $2x - 1 = A$ とすると，$A^2 - 4A + 4 = 0$ より，

$(A - 2)^2 = 0$ なので，A $= 2$

よって，$2x - 1 = 2$ より，$2x = 3$ なので，$x = \dfrac{3}{2}$

[3] (1) 解が -5，1 だから，$(x + 5)(x - 1) = 0$ となる。

左辺を展開すると，$x^2 + 4x - 5 = 0$

(2) 2次方程式に $x = 2$ を代入して，

$2^2 - 4a \times 2 + a^2 = 0$ より，$a^2 - 8a + 4 = 0$

解の公式より，

$$a = \frac{-(-8) \pm \sqrt{(-8)^2 - 4 \times 1 \times 4}}{2 \times 1}$$

$$= \frac{8 \pm \sqrt{48}}{2} = \frac{8 \pm 4\sqrt{3}}{2} = 4 \pm 2\sqrt{3}$$

(3) 解が $x = -2$，5 であることより，

$$\begin{cases} 4 - 2a + b = 0 \\ 25 + 5a + b = 0 \end{cases} \text{が成り立つ。}$$

これを解いて，$a = -3$，$b = -10$

(4) 2つの整数の解を m，n とすると，

この方程式は，$(x - m)(x - n) = 0$ と表せるから，

式を展開すると，$x^2 - (m + n)x + mn = 0$

これが $x^2 + ax + 5 = 0$ と同じだから，

$$\begin{cases} -(m + n) = a \cdots\cdots① \\ mn = 5 \cdots\cdots② \end{cases} \text{が成り立つ。}$$

②より，$mn = 5$ となる整数 m と n の値の組み合わせは，-1 と -5，1 と 5 だから，

それぞれについて $m + n$ の値を求めると，

$(-1) + (-5) = -6$，$1 + 5 = 6$

よって，①より，a は 6 と -6。

(5) 左辺は，$x^2 - 4 + a(x - 2)$

$\qquad = (x + 2)(x - 2) + a(x - 2)$

$\qquad = (x - 2)\{(x + 2) + a\}$

$\qquad = (x - 2)(x + 2 + a)$ と因数分解できるから，

$(x - 2)(x + 2 + a) = 0$ より，$x = 2$，$-(2 + a)$

解が1つであることから，

$2 = -(2 + a)$ だから，$a = -4$

[4] (1) x を2乗してから2を加えた正しい答は，

$x^2 + 2$

x に 2 を加えたものを 2 乗すると，$(x + 2)^2$

これが正しい答より 5 大きいことから，

$(x + 2)^2 = (x^2 + 2) + 5$ が成り立つ。

式を展開して，$x^2 + 4x + 4 = x^2 + 7$ より，

$4x = 3$ だから，$x = \dfrac{3}{4}$

(2) 正しい計算は，$x \times 2 + 3 = 2x + 3$,

まちがえた計算は $(x + 3)^2$ なので，

$(x + 3)^2 = 2x + 3 + 83$

整理して，$x^2 + 4x - 77 = 0$ より，

$x^2 + (11 - 7)x + 11 \times (-7) = 0$ だから，

$(x + 11)(x - 7) = 0$

よって，$x = -11$, 7 で，x は正の整数より，$x = 7$

(3) $x^2 - 15 = 3x + 3$ が成り立つから，

$x^2 - 3x - 18 = 0$ より，$(x - 6)(x + 3) = 0$

x は自然数だから，$x = 6$

(4) 連続する 3 つの自然数の，もっとも小さい数を n とすると，残りの 2 数は小さい順に，$n + 1$, $n + 2$ と表せる。

よって，

$n^2 + (n + 2)^2 = 10(n + 1) + 50$ が成り立つ。

展開して整理すると，

$2n^2 - 6n - 56 = 0$ だから，$n^2 - 3n - 28 = 0$

左辺を因数分解して，

$(n + 4)(n - 7) = 0$ より，$n = -4$, 7

n は自然数だから，$n = 7$

したがって，3 つの自然数は 7, 8, 9。

(5) 連続する 4 つの自然数のうち，最も小さい数を x とすると，4 つの自然数は小さい順に，x, $x + 1$, $x + 2$, $x + 3$ と表せる。

小さい 2 数の和と大きい 2 数の和の積が 2021 になるから，

$\{x + (x + 1)\}\{(x + 2) + (x + 3)\} = 2021$ が成り立つ。

整理して，$4x^2 + 12x - 2016 = 0$

両辺を 4 でわって，$x^2 + 3x - 504 = 0$

左辺を因数分解して，

$(x + 24)(x - 21) = 0$ より，$x = -24$, 21

x は自然数だから，$x = 21$

よって，4 つの自然数は，21, 22, 23, 24。

5 (1) n 番目の右上すみにある自然数は $(n + 1)^2$ だから，$(6 + 1)^2 = 49$

(2) n 番目の右上すみは $(n + 1)^2$ で，

右下すみは $(n + 1)^2$ より n 小さいから，

$(n + 1)^2 - n = n^2 + n + 1$

(3) n 番目の左下すみは右下すみより n 小さいから，

$n^2 + n + 1 - n = n^2 + 1$

$(n + 1)^2 + (n^2 + 1) = 314$ より，

$n^2 + 2n + 1 + n^2 + 1 = 314$

整理して，$2n^2 + 2n - 312 = 0$

両辺を 2 でわって，$n^2 + n - 156 = 0$

左辺を因数分解すると，$(n + 13)(n - 12) = 0$

n は自然数なので，$n = 12$

6 もとの長方形の縦の長さを x cm とすると，

もとの長方形の横の長さは $2x$ cm。

また，新しくできた長方形は，

縦の長さが，$x \times 2 = 2x$ (cm)で，

横の長さが $(2x - 4)$ cm と表せる。

新しくできた長方形の面積はもとの長方形の面積より 2 cm^2 大きいから，

$2x(2x - 4) - x \times 2x = 2$ が成り立つ。

整理して，$2x^2 - 8x - 2 = 0$ より，

$x^2 - 4x - 1 = 0$

解の公式より，

$$x = \frac{-(-4) \pm \sqrt{(-4)^2 - 4 \times 1 \times (-1)}}{2 \times 1}$$

$$= \frac{4 \pm \sqrt{20}}{2} = \frac{4 \pm 2\sqrt{5}}{2} = 2 \pm \sqrt{5}$$

$2x > 4$ より $x > 2$ だから，$x = 2 + \sqrt{5}$

よって，もとの長方形の縦の長さは $(2 + \sqrt{5})$ cm。

7 色が塗られた部分を長方形の辺に沿った場所に移動すると，次図のようになる。

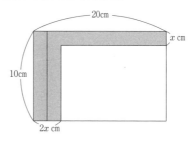

幅を x cm とすると，色が塗られていない部分は，

縦の長さが $(10 - x)$ cm，

横の長さが $(20 - 2x)$ cm だから，

$(10 - x)(20 - 2x) = 10 \times 20 \times \dfrac{64}{100}$

展開して，$200 - 20x - 20x + 2x^2 = 128$

整理して，$x^2 - 20x + 36 = 0$ より，

$(x - 2)(x - 18) = 0$　よって，$x = 2,\ 18$

$x < 10$ だから，$x = 2$

8 (1) 縦の長さは $x\,\mathrm{cm}$ より $2\,\mathrm{cm}$ 短いから，

$(x - 2)\,\mathrm{cm}$。

(2) 横の長さは $(x + 3)\,\mathrm{cm}$ だから，図 2 の長方形の周の長さは，

$2(x - 2) + 2(x + 3) = 4x + 2\,(\mathrm{cm})$ と表せる。

$4x + 2 = 26$ より，$x = 6$

(3) 長方形の縦の長さは $(x - 2)\,\mathrm{cm}$，

横の長さは $(x + 3)\,\mathrm{cm}$ だから，

条件より，$(x - 2)(x + 3) = \dfrac{1}{2}x^2$ が成り立つ。

展開して整理すると，$x^2 + 2x - 12 = 0$

解の公式より，

$x = \dfrac{-2 \pm \sqrt{2^2 - 4 \times 1 \times (-12)}}{2 \times 1}$

$= \dfrac{-2 \pm \sqrt{52}}{2} = \dfrac{-2 \pm 2\sqrt{13}}{2} = -1 \pm \sqrt{13}$

$x > 2$ だから，$x = -1 + \sqrt{13}$

◇図　形◇

1．図形の性質・作図・証明　(P. 28～32)

§1．作　図

〈解答〉

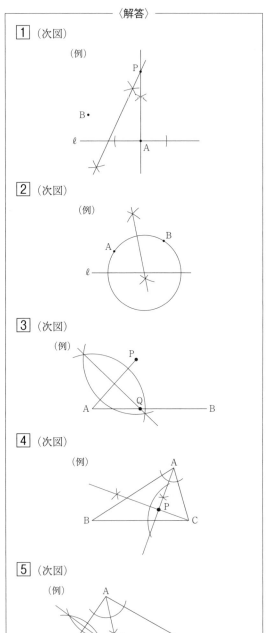

1　(次図)

(例)

2　(次図)

(例)

3　(次図)

(例)

4　(次図)

(例)

5　(次図)

(例)

1 辺 AB の垂直二等分線と，点 A を通る直線 ℓ の垂線との交点が P となる。

2 線分 AB は円の弦になる。

　円の弦の垂直二等分線は円の中心を通ることを利用する。

3 PQ = AQ のとき，

　PQ + QB = AQ + QB = AB となる。

　よって，線分 AP の垂直二等分線と線分 AB との交点を Q とすればよい。

4 AB，AC までの距離が等しい点 P は，∠BAC の二等分線上にあり，CP がその直線と垂直になるとき，点 P は点 C から最も近い距離にある。

5 ∠BAC の二等分線と辺 AB の垂直二等分線の交点が点 P になる。

§2．証　　明

〈解答〉

1 △ABH と△AGH において，AH は共通……①
　仮定から，AB = AG……②
　∠ABH = ∠AGH = 90°……③
　①，②，③より，直角三角形で，斜辺と他の一辺がそれぞれ等しいので，△ABH ≡ △AGH
　合同な図形の対応する辺は等しいから，
　BH = GH

2 △ABE と△ADG において，それぞれ正方形の一辺だから，AB = AD……①，AE = AG……②
　また，
　∠EAB = ∠DAB － ∠DAE
　　　　 = 90° － ∠DAE……③
　∠GAD = ∠GAE － ∠DAE
　　　　 = 90° － ∠DAE……④
　③，④より，∠EAB = ∠GAD……⑤
　①，②，⑤より，2 組の辺とその間の角がそれぞれ等しいから，△ABE ≡ △ADG
　よって，∠GDA = ∠EBA = 90°

3 ア．90　イ．CFD　ウ．DCF　エ．GBE
　オ．2 組の角

4 (1) 35°
　(2) △ABC と△EBD において，
　∠ACB = ∠DCE + ∠ACD……①，
　∠EDB = ∠DAE + ∠AED……②
　仮定より，∠DCE = ∠DAE なので，
　4 点 A，C，D，E は 1 つの円周上にあり，
　∠ACD = ∠AED……③

よって，①，②，③より，∠ACB = ∠EDB……④
また，共通な角なので，∠ABC = ∠EBD……⑤
よって，④，⑤より，2 組の角がそれぞれ等しいので，△ABC ∽ △EBD

4 (1) ∠ADF = 115° － 40° = 75° より，
　∠ABC = 75° － 40° = 35°

2．平面図形の計量　(P. 33〜40)
§1．角　　度

〈解答〉

1 (1) 75°　(2) 16°　(3) 50°　(4) 50°　(5) 87°

1 (1) 次図のように，ℓ と m に平行な直線を引くと，平行線の性質より，x + 35° = 110° なので，x = 75°

(2) 次図のように記号をつける。
　正五角形の 1 つの外角の大きさは，360° ÷ 5 = 72°
　△ABE の内角について，
　∠AEB = 180° － (20° + 72°) = 88°
　また，平行線の錯角は等しいから，∠CFG = 88°
　△CDF の内角と外角の関係より，
　∠x = 88° － 72° = 16°

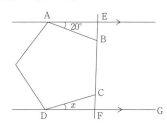

(3) • ＋ ○ ＋ 115° = 180° より，• ＋ ○ = 65°
　よって，
　∠x = 180° － 2 (• ＋ ○) = 180° － 65° × 2 = 50°

(4) 多角形の外角の和は 360° で，90° の角の部分の外角は 90° だから，
　∠x = 360° － (110° + 40° + 90° + 70°)
　　　 = 360° － 310° = 50°

(5) 次図において，∠a + ∠b = ∠c + ∠d
　多角形 ABCDEF は六角形だから，

内角の和は，$180° × (6 − 2) = 720°$

よって，内角について，

$100° + 110° + 120° + 118° + 95° + \angle d$
$\quad + \angle c + 90° = 720°$ より，

$\angle c + \angle d = 87°$ から，$\angle a + \angle b = 87°$

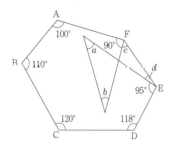

§2．線分・線分比

――――〈解答〉――――

$\boxed{1}$ (1) $\dfrac{11}{4}$ (cm)　　(2) $\dfrac{6}{5}$

　　(3) x．5 (cm)　　y．$\dfrac{60}{13}$ (cm)

$\boxed{2}$ (1) $12\sqrt{3}$　　(2) $24\sqrt{2}$

$\boxed{3}$ $\sqrt{3} − 1$

$\boxed{1}$ (1) $AE = x$ cm とすると，$EG = 5 − x$ (cm)

BE : EC = AE : ED だから，

$3 : 9 = x : \{(5 − x) + 4\}$

$9x = 3(9 − x)$ より，$12x = 27$

よって，$x = \dfrac{27}{12} = \dfrac{9}{4}$ だから，

$EG = 5 − \dfrac{9}{4} = \dfrac{11}{4}$ (cm)

(2) AB ∥ CD より，△ABE ∽ △DCE で，

BE : CE = AB : DC = 2 : 3

EF ∥ CD より，△EBF ∽ △CBD で，

EF : CD = BE : BC = 2 : (2 + 3) = 2 : 5

よって，$EF = \dfrac{2}{5}CD = \dfrac{6}{5}$

(3) 三平方の定理より，

$x = \sqrt{13^2 − 12^2} = \sqrt{25} = 5$ (cm)

したがって，斜辺が13cm の直角三角形の面積は，

$\dfrac{1}{2} × 12 × 5 = 30$ (cm²) なので，

$\dfrac{1}{2} × 13 × y = 30$ より，$y = \dfrac{60}{13}$ (cm)

$\boxed{2}$ (1) △ABC は直角二等辺三角形だから，

$AB = \dfrac{AC}{\sqrt{2}} = \dfrac{12\sqrt{6}}{\sqrt{2}} = 12\sqrt{3}$

(2) △ADC は30°，60°の直角三角形だから，

$AD = \dfrac{2}{\sqrt{3}}AC = \dfrac{2}{\sqrt{3}} × 12\sqrt{6} = 24\sqrt{2}$

$\boxed{3}$ BF $= x$ とおく。

斜辺とその他の1辺がそれぞれ等しい直角三角形なので，△DAE ≡ △DCF より，AE = CF だから，

EB = FB で，△FEB は直角二等辺三角形となり，

$EF = \sqrt{2}x$

$CF = 1 − x$，$DF = EF = \sqrt{2}x$ だから，

△DFC で三平方の定理より，

$(\sqrt{2}x)^2 = (1 − x)^2 + 1^2$

展開して，$2x^2 = x^2 − 2x + 1 + 1$

移項して整理して，$x^2 + 2x − 2 = 0$

解の公式より，

$x = \dfrac{−2 ± \sqrt{2^2 − 4 × 1 × (−2)}}{2 × 1}$

$\quad = \dfrac{−2 ± 2\sqrt{3}}{2} = −1 ± \sqrt{3}$

$x > 0$ だから，$BF = −1 + \sqrt{3} = \sqrt{3} − 1$

§3．面積・面積比

〈解答〉

1 (1) 2：3 (2) 2：3 (3) 1：8 (4) 6：11

2 (1) 2：3 (2) 4：1 (3) 16：11

3 (1) 2 (cm) (2) $\dfrac{3\sqrt{3}}{2}$ (cm²) (3) $\dfrac{7}{2}$ (cm)

(4) $\dfrac{3\sqrt{57}}{19}$ (cm) (5) $\dfrac{6\sqrt{3}}{19}$ (cm²)

4 (1) 60° (2) $\sqrt{2}$ (3) $\sqrt{6}$ (4) $1+\sqrt{3}$

(5) $3+\sqrt{3}$

5 (1) 30° (2) 2 (3) $4\sqrt{3}$

6 (1) 5 (2) $\dfrac{40}{13}$ (3) 21：8

7 (1) 75° (2) $\sqrt{3}+1$ (3) $\sqrt{2}$ (4) $\sqrt{3}-1$

(5) $\dfrac{\sqrt{3}}{2}$

8 (1) $2\sqrt{5}$ (cm) (2) $4\sqrt{5}$ (cm)

(3) $8\sqrt{5}$ (cm²) (4) $18\sqrt{5}$ (cm²)

9 (1) 3 (2) $\dfrac{4}{3}$ (3) $\dfrac{2\sqrt{10}}{5}$

---

1 (1) △BCG は正三角形より，

CG = BC = AD = 6 cm

よって，AB：CG = 4：6 = 2：3

(2) AB∥GC より，AF：FC = AB：CG = 2：3

(3) AD∥BC より，△DEG∽△CBG

相似比は，DG：CG = (6 − 4)：6 = 2：6 = 1：3

だから，面積比は，$1^2:3^2 = 1:9$ となる。

したがって，

△DEG：四角形 BCDE = 1：(9 − 1) = 1：8

(4) △BCG = S とする。

AB∥GC より，BF：FG = 4：6 = 2：3 だから，

BF：BG = 2：(2 + 3) = 2：5 となり，

△BCF：△BCG = BF：BG = 2：5

よって，

△BCF = $\dfrac{2}{5}$S となり，AF：FC = 2：3 より，

△ABF = $\dfrac{2}{3}$△BCF = $\dfrac{2}{3}×\dfrac{2}{5}$S = $\dfrac{4}{15}$S

また，△GCF = S − $\dfrac{2}{5}$S = $\dfrac{3}{5}$S で，

△DEG = $\dfrac{1}{9}$S より，

四角形 CDEF = $\dfrac{3}{5}$S − $\dfrac{1}{9}$S = $\dfrac{22}{45}$S

したがって，

△ABF：四角形 CDEF = $\dfrac{4}{15}$S：$\dfrac{22}{45}$S = 6：11

2 (1) AD∥BE より，

DH：HB = AD：BE = 6：(6 + 3) = 2：3

(2) CG = 3 cm より，DG = 6 − 3 = 3 (cm)

対頂角は等しいから，∠DGJ = ∠CGE = 45° より，

△DJG は直角二等辺三角形で，DJ = DG = 3 cm

DJ∥BE より，

DI：IB = DJ：BE = 3：(6 + 3) = 3：9 = 1：3 だ

から，IB = BD × $\dfrac{3}{1+3}$ = $\dfrac{3}{4}$BD

また，DH：HB = 2：3 より，

HB = BD × $\dfrac{3}{2+3}$ = $\dfrac{3}{5}$BD なので，

IH = IB − HB = $\dfrac{3}{4}$BD − $\dfrac{3}{5}$BD = $\dfrac{3}{20}$BD

よって，

HB：IH = $\dfrac{3}{5}$BD：$\dfrac{3}{20}$BD = $\dfrac{12}{20}$：$\dfrac{3}{20}$ = 4：1

(3) DH：DI = $\left(1-\dfrac{3}{5}\right)$：$\left(1-\dfrac{3}{4}\right)$ = $\dfrac{2}{5}$：$\dfrac{1}{4}$

= 8：5，

AD：JD = 6：(6 − 3) = 2：1 より，

△JDI = $\dfrac{5}{8}$△JDH = $\dfrac{5}{8}×\dfrac{1}{2}$△ADH

= $\dfrac{5}{16}$△ADH

よって，求める比は，$1:\left(1-\dfrac{5}{16}\right)$ = 16：11

3 (1) △AEC は 30°，60° の直角三角形だから，

AE = 2EC = 2 (cm)

(2) AC = $\sqrt{3}$EC = $\sqrt{3}$ (cm)

△ABE は底辺を，BE = 4 − 1 = 3 (cm)とみると，

高さは AC = $\sqrt{3}$cm だから，

△ABE = $\dfrac{1}{2}×3×\sqrt{3}$ = $\dfrac{3\sqrt{3}}{2}$ (cm²)

(3) ∠BED = ∠AEC = 60° より，△BED は 30°，60° の

直角三角形だから，DE = $\dfrac{1}{2}$BE = $\dfrac{3}{2}$ (cm)

よって，AD = 2 + $\dfrac{3}{2}$ = $\dfrac{7}{2}$ (cm)

(4) △ABC で三平方の定理より，

$AB = \sqrt{4^2 + (\sqrt{3})^2} = \sqrt{19}$ (cm)

$\triangle ABE = \dfrac{1}{2} \times \sqrt{19} \times EF = \dfrac{3\sqrt{3}}{2}$ より,

$EF = \dfrac{3\sqrt{57}}{19}$ (cm)

(5) △AEF で三平方の定理より,

$AF = \sqrt{2^2 - \left(\dfrac{3\sqrt{57}}{19}\right)^2} = \dfrac{7\sqrt{19}}{19}$ (cm)

したがって, $AB : AF = \sqrt{19} : \dfrac{7\sqrt{19}}{19} = 19 : 7$

$\triangle ABC = \dfrac{1}{2} \times \sqrt{3} \times 4 = 2\sqrt{3}$ (cm^2)

$\triangle FBC = \triangle ABC \times \dfrac{19 - 7}{19} = 2\sqrt{3} \times \dfrac{12}{19}$

$\qquad = \dfrac{24\sqrt{3}}{19}$ (cm^2)

よって,

$\triangle ECF = \dfrac{1}{4}\,\triangle FBC = \dfrac{1}{4} \times \dfrac{24\sqrt{3}}{19}$

$\qquad = \dfrac{6\sqrt{3}}{19}$ (cm^2)

4 (1) △CEF の内角より,

$\angle CEF = 180° - (90° + 30°) = 60°$

(2) △AEF は直角二等辺三角形なので,

$EF = \sqrt{2}\,AE = \sqrt{2}$

(3) △CEF は 30°, 60° の直角三角形なので,

$CF = \sqrt{3}\,EF = \sqrt{3} \times \sqrt{2} = \sqrt{6}$

(4) $\angle CFD = 180° - \angle AFE - \angle CFE = 45°$ より,

△CDF は直角二等辺三角形なので,

$DF = \dfrac{1}{\sqrt{2}}\,CF = \dfrac{1}{\sqrt{2}} \times \sqrt{6} = \sqrt{3}$

よって, $BC = AD = AF + DF = 1 + \sqrt{3}$

(5) $CD = DF = \sqrt{3}$ なので,

長方形の面積は, $\sqrt{3} \times (1 + \sqrt{3}) = 3 + \sqrt{3}$

5 (1) △DEB で, $\angle EDB = 180° - 30° - 60° = 90°$

だから, $\angle FDG = 90° - 60° = 30°$

(2) △FGB で, $FG = GH = 1$, △FGB は 3 辺の比が

$1 : 2 : \sqrt{3}$ の直角三角形だから, $BG = 2FG = 2$

$\angle FDG = \angle DBG = 30°$ より,

△DGB は二等辺三角形だから, $DG = BG = 2$

(3) $EB = EG + GB = 2 + 2 = 4$

△DGB ∽ △AEB より,

△AEB は二等辺三角形だから, $AE = EB = 4$

これより, △ACE は一辺の長さが 4 の正三角形で, A から辺 CE に垂線をひいて交点を I とおくと, △ACI は 3 辺の比が $1 : 2 : \sqrt{3}$ の直角三角形だから,

$AI = \dfrac{\sqrt{3}}{2} \times AC = \dfrac{\sqrt{3}}{2} \times 4 = 2\sqrt{3}$

よって, $\triangle ACE = \dfrac{1}{2} \times 4 \times 2\sqrt{3} = 4\sqrt{3}$

6 (1) ひし形の対角線の交点を E とすると,

$AE = CE = \dfrac{1}{2}AC = 3$, $BE = DE = \dfrac{1}{2}BD = 4$

△ABE で三平方の定理より,

$AB = \sqrt{3^2 + 4^2} = \sqrt{25} = 5$

よって, 1 辺の長さは 5。

(2) 角の二等分線の性質より,

$AP : PD = BA : BD = 5 : 8$

よって, $PD = AD \times \dfrac{8}{5 + 8} = \dfrac{40}{13}$

(3) △ABC の面積を S とすると,

BC ∥ AD より, △BCD = S

また, $AP : PD = 5 : 8$ だから,

$BQ : DQ = BC : DP = (5 + 8) : 8 = 13 : 8$

したがって,

$\triangle CDQ = \triangle BCD \times \dfrac{8}{13 + 8} = \dfrac{8}{21}S$ だから,

$\triangle ABC : \triangle CDQ = S : \dfrac{8}{21}S = 21 : 8$

7 (1) 次図において, $\angle ABP = 90° - 60° = 30°$

△BAP は, $BA = BP$ の二等辺三角形だから,

$\angle PAB = (180° - 30°) \div 2 = 75°$

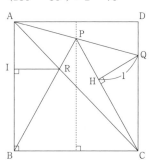

(2) △CQH は 30°, 60° の直角三角形になるから,

$CH = \sqrt{3}\,QH = \sqrt{3}$

また, $\angle APB = 75°$ より,

$\angle QPH = 180° - (75° + 60°) = 45°$

よって, △PQH は直角二等辺三角形で,

PH = QH = 1

したがって，BC = CP = $\sqrt{3}$ + 1

(3) 正方形 ABCD は，点 P を通り AB に平行な直線について対称となる。

よって，P は AQ の中点だから，

AP = PQ = $\sqrt{2}$QH = $\sqrt{2}$

(4) △ABC は直角二等辺三角形だから，

∠BAC = 45° より，∠PAR = 75° − 45° = 30°

したがって，∠ARP = 180° − (30° + 75°) = 75° より，∠APR = ∠ARP となるから，△APR は二等辺三角形である。

R から AB に垂線 RI を下ろすと，△AIR は直角二等辺三角形で，AR = AP = $\sqrt{2}$ より，RI = 1

また，△BRI は 30°，60° の直角三角形だから，

RB = 2RI = 2

したがって，

PR = PB − RB = ($\sqrt{3}$ + 1) − 2 = $\sqrt{3}$ − 1

(5) PR : PB = ($\sqrt{3}$ − 1) : ($\sqrt{3}$ + 1) だから，

△PRC = $\dfrac{\sqrt{3} - 1}{\sqrt{3} + 1}$ △PBC となる。

△PBC の高さは，$\dfrac{\sqrt{3}\,(\sqrt{3} + 1)}{2}$ だから，

$$\triangle PBC = \dfrac{1}{2} \times (\sqrt{3} + 1) \times \dfrac{\sqrt{3}\,(\sqrt{3} + 1)}{2}$$

$$= \dfrac{\sqrt{3}\,(\sqrt{3} + 1)^2}{4}$$

したがって，求める面積は，

$$\dfrac{\sqrt{3} - 1}{\sqrt{3} + 1} \times \dfrac{\sqrt{3}\,(\sqrt{3} + 1)^2}{4}$$

$$= \dfrac{\sqrt{3}\,(\sqrt{3} - 1)(\sqrt{3} + 1)}{4} = \dfrac{\sqrt{3} \times 2}{4}$$

$$= \dfrac{\sqrt{3}}{2}$$

[8] (1) EF は EB を折り返した部分だから，

EF = FB = 10 − 4 = 6（cm）

よって，△AEF について，三平方の定理より，

AF = $\sqrt{6^2 - 4^2}$ = $\sqrt{20}$ = 2$\sqrt{5}$（cm）

(2) △AEF と△DFC において，∠A = ∠D = 90°

また，∠AEF + ∠EFA = 90°，

∠EFA + ∠DFC = 90° より，∠AEF = ∠DFC だから，2 組の角がそれぞれ等しく，△AEF ∽ △DFC

よって，AE : DF = AF : DC だから，

4 : DF = 2$\sqrt{5}$: 10

2$\sqrt{5}$DF = 40 より，

DF = $\dfrac{40}{2\sqrt{5}}$ = $\dfrac{20}{\sqrt{5}}$ = 4$\sqrt{5}$（cm）

(3) FD ∥ BC より，FG : GC = FD : BC

BC = AD = 2$\sqrt{5}$ + 4$\sqrt{5}$ = 6$\sqrt{5}$（cm）だから，

FG : GC = 4$\sqrt{5}$: 6$\sqrt{5}$ = 2 : 3

したがって，

△DFG = △DFC × $\dfrac{2}{2 + 3}$ = $\dfrac{2}{5}$ △DFC

よって，△DFC = $\dfrac{1}{2}$ × 4$\sqrt{5}$ × 10 = 20$\sqrt{5}$（cm^2）

だから，△DFG = $\dfrac{2}{5}$ × 20$\sqrt{5}$ = 8$\sqrt{5}$（cm^2）

(4) △ABD = $\dfrac{1}{2}$ × 6$\sqrt{5}$ × 10 = 30$\sqrt{5}$（cm^2）

△AEF = $\dfrac{1}{2}$ × 2$\sqrt{5}$ × 4 = 4$\sqrt{5}$（cm^2）

よって，

四角形 BGFE

　= △ABD − △DFG − △AEF

　= 30$\sqrt{5}$ − 8$\sqrt{5}$ − 4$\sqrt{5}$ = 18$\sqrt{5}$（cm^2）

[9] (1) ∠DBE = 45°，∠BED = 90° より，

△DBE は直角二等辺三角形だから，BE = DE

二等辺三角形 ABC で，M は BC の中点より，

AM ⊥ BC となるから，AM ∥ DE

MC = 2 だから，

DE : EC = AM : MC = 6 : 2 = 3 : 1

CE = x とすると，ME = 2 − x となるから，

BE = 2 + (2 − x) = 4 − x より，DE = 4 − x

また，DE : EC = 3 : 1 より，DE = 3x と表せるから，DE の長さについて，4 − x = 3x が成り立つ。

これを解くと，x = 1　よって，DE = 3 × 1 = 3

(2) 右図のように，折り返す前の H の位置を H′ とする。

△BMI は直角二等辺三角形だから，

∠MIB = 45°

対頂角は等しいから，

∠HID = 45°

H と H′ は線分 BD について対称な点だから，

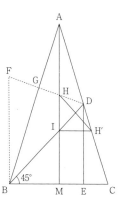

∠H′ID ＝ ∠HID ＝ 45°

よって，∠HIH′ ＝ 45° ＋ 45° ＝ 90° だから，

IH′ ∥ BC となるので，DI：DB ＝ IH′：BC となる。

DI：DB ＝ EM：EB ＝ 1：3 だから，IH′：4 ＝ 1：3

よって，IH′ ＝ $\dfrac{4}{3}$ となるから，HI ＝ H′I ＝ $\dfrac{4}{3}$

(3) ∠DBC ＝ ∠DBF ＝ 45° より，

∠FBC ＝ 45° ＋ 45° ＝ 90°

よって，FB ∥ AM だから，FG：GH ＝ FB：AH

FB ＝ BC ＝ 4

△BMI は二等辺三角形だから，IM ＝ BM ＝ 2

HI ＝ $\dfrac{4}{3}$ だから，

AH ＝ AM － HI － IM ＝ 6 － $\dfrac{4}{3}$ － 2 ＝ $\dfrac{8}{3}$

よって，FG：GH ＝ 4：$\dfrac{8}{3}$ ＝ 3：2 となり，

FG：FH ＝ 3：(3 ＋ 2) ＝ 3：5 だから，

FG ＝ $\dfrac{3}{5}$ FH

また，FB ∥ AM ∥ DE より，

DH：DF ＝ EM：EB ＝ 1：3 だから，

FH：DF ＝ (3 － 1)：3 ＝ 2：3 より，FH ＝ $\dfrac{2}{3}$ DF

よって，FG ＝ $\dfrac{3}{5}$ FH ＝ $\dfrac{3}{5}$ × $\dfrac{2}{3}$ DF ＝ $\dfrac{2}{5}$ DF

DF ＝ DC より，FG ＝ $\dfrac{2}{5}$ DC

ここで，直角三角形 DEC において，

三平方の定理より，

DC ＝ $\sqrt{DE^2 + EC^2}$ ＝ $\sqrt{3^2 + 1^2}$ ＝ $\sqrt{10}$

したがって，FG ＝ $\dfrac{2}{5}$ × $\sqrt{10}$ ＝ $\dfrac{2\sqrt{10}}{5}$

3．円・おうぎ形の計量　(P. 41～44)

〈解答〉

1　(1) 50°　(2) 60°　(3) 55°　(4) 86°

2　(1) 2 (cm²)　(2) $\dfrac{100}{3}\pi - 25\sqrt{3}$ (cm²)

3　(1) $\dfrac{29}{6}$　(2) $\dfrac{9}{2}$ (cm)　(3) 15√3

4　(1) $\dfrac{1}{5}$ (倍)　(2) 2√6 (cm)

5　(1) 5 (cm)　(2) 1：2　(3) 6：1

6　(1) △EAD と △EBC において，対頂角は等しいので，∠AED ＝ ∠BEC……①

$\stackrel{\frown}{AB}$ に対する円周角は等しいので，

∠ADE ＝ ∠BCE……②

①，②より，2 組の角がそれぞれ等しいので，

△EAD ∽ △EBC

(2) ① 2 (cm)　② 2√6 － 2√2 (cm)

1　(1) AC と BD の交点を E とする。

$\stackrel{\frown}{AB}$ に対する円周角より，∠ADB ＝ ∠ACB ＝ 30°

△ADE の内角と外角の関係より，

∠DAE ＋ ∠ADE ＝ ∠DEC だから，

∠x ＋ 30° ＝ 80°　よって，∠x ＝ 50°

(2) 同じ弧に対する円周角は等しいので，

∠ADB ＝ ∠AEB ＝ 22°

円周角の定理より，∠BDC ＝ $\dfrac{1}{2}$ ∠BOC ＝ 38°

よって，∠ADC ＝ 22° ＋ 38° ＝ 60°

(3) 次図において，三角形の内角と外角の関係より，

∠BDC ＝ 75° － 25° ＝ 50°

∠BAC ＝ ∠BDC ＝ 50° より，4 点 A, B, C, D は

同一円周上にある。

∠ACB ＝ 180° － (75° ＋ 50°) ＝ 55° なので，

$\stackrel{\frown}{AB}$ に対する円周角より，∠x ＝ ∠ACB ＝ 55°

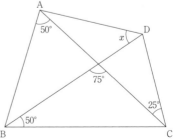

(4) 次図において，$\stackrel{\frown}{AB}$ に対する円周角なので，

$\angle\text{ACB} = \angle\text{ADB} = 23°$

$\angle\text{CBD} = \angle\text{BEA} + \angle\text{ADB} = 40° + 23° = 63°$ より，$\angle x = \angle\text{ACB} + \angle\text{CBD} = 23° + 63° = 86°$

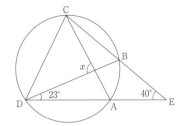

2 (1) 次図で，△ABC は直角二等辺三角形だから，

$\text{AC} = \sqrt{2}\,\text{AB} = 2\sqrt{2}$ (cm)

よって，線分 AC を直径とする半円の半径は $\sqrt{2}$ cm だから，斜線部分の面積は，

△ABC ＋（線分 AC を直径とする半円）

　－（おうぎ形 BAC）

$= \dfrac{1}{2} \times 2 \times 2 + \pi \times (\sqrt{2})^2 \times \dfrac{1}{2}$

$\qquad - \pi \times 2^2 \times \dfrac{1}{4}$

$= 2 + \pi - \pi = 2$ (cm²)

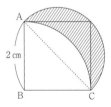

(2) 右図のように点 C, D をとる。

BD ＝ OD ＝ OB より，△DBO は正三角形で，点 C は OB の中点なので，△DCO は 3 辺の比が，

$1 : 2 : \sqrt{3}$ の直角三角形。

よって，$\angle\text{DOC} = 60°$，$\text{CD} = \dfrac{\sqrt{3}}{2}\text{OD} = 5\sqrt{3}$

したがって，CD より上の部分の面積は，

$\pi \times 10^2 \times \dfrac{60}{360} - \dfrac{1}{2} \times 5 \times 5\sqrt{3}$

$= \dfrac{50}{3}\pi - \dfrac{25\sqrt{3}}{2}$ (cm²) だから，

求める面積は，

$\left(\dfrac{50}{3}\pi - \dfrac{25\sqrt{3}}{2} \right) \times 2 = \dfrac{100}{3}\pi - 25\sqrt{3}$ (cm²)

3 (1) 次図で，$\angle\text{BAE} = \angle\text{CDE}$（$\overparen{\text{BC}}$ の円周角）。

$\angle\text{AEB} = \angle\text{DEC}$（対頂角）で，2 組の角がそれぞれ等しいので，△ABE ∽ △DCE となる。

よって，AE : DE ＝ BE : CE より，

ED ＝ x とすると，$4 : x = 3 : 5$

$3x = 20$ だから，$x = \dfrac{20}{3}$

円 O の直径は，$3 + \dfrac{20}{3} = \dfrac{29}{3}$ だから，

半径は，$\dfrac{29}{3} \div 2 = \dfrac{29}{6}$

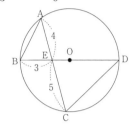

(2) 右図のように，OD，OE，OC をそれぞれ結ぶ。

直角三角形の斜辺と他の 1 辺がそれぞれ等しいので，

△AOD ≡ △EOD，

△BOC ≡ △EOC

また，$\angle\text{AOD} = \angle\text{EOD} = a°$ とおくと，

$\angle\text{BOC} = (180° - 2a°) \times \dfrac{1}{2} = 90° - a°$

$\angle\text{BCO} = 180° - 90° - (90° - a°) = a°$

したがって，△AOD と△BCO は 2 組の角がそれぞれ等しいので，△AOD ∽ △BCO

BC : AO ＝ OB : DA ＝ 3 : 2 より，BC : 3 ＝ 3 : 2

よって，$\text{BC} = \dfrac{9}{2}$ (cm)

(3) 次図のように，2 点 B, D を結ぶと，直線 AB, AD はともに円 O の接線で，B, D は接点だから，

AB ＝ AD

$\angle\text{BAD} = 60°$ だから，△ABD は 1 辺の長さが 6 の正三角形。

D から AB に垂線 DE をひくと，△AED は 30°，60° の角をもつ直角三角形になるから，

$\text{DE} = \dfrac{\sqrt{3}}{2}\text{AD} = \dfrac{\sqrt{3}}{2} \times 6 = 3\sqrt{3}$

よって，$\triangle\text{ABD} = \dfrac{1}{2} \times 6 \times 3\sqrt{3} = 9\sqrt{3}$

また，$\angle\text{CDA} = 90°$，$\angle\text{BDA} = 60°$ だから，

$\angle\text{CDB} = 90° - 60° = 30°$

CD は円の直径だから，∠DBC = 90°

よって，△BCD は 30°，60° の角をもつ直角三角形。

BD = 6，BC = $\dfrac{1}{\sqrt{3}}$BD = $\dfrac{1}{\sqrt{3}} \times 6 = 2\sqrt{3}$ だから，△BCD = $\dfrac{1}{2} \times 6 \times 2\sqrt{3} = 6\sqrt{3}$

よって，

四角形 ABCD

$= \triangle ABD + \triangle BCD = 9\sqrt{3} + 6\sqrt{3} = 15\sqrt{3}$

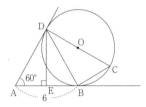

4 (1) △CBE = S とすると，

AO = BO = BE より，△ACE = 3S，

DC = CE より，△ADE = 2 × 3S = 6S となる。

よって，$\dfrac{S}{6S - S} = \dfrac{1}{5}$（倍）

(2) 次図において，

EC : CD = 1 : 1，EB : BO = 1 : 1 より，

中点連結定理から，

BC = $\dfrac{1}{2}$OD = $\dfrac{1}{2}$AO = 2 (cm)

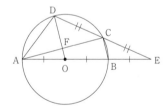

また，直径 AB に対する円周角なので，

∠ACB = 90°

よって，三平方の定理より，

AC = $\sqrt{(4 \times 2)^2 - 2^2} = 2\sqrt{15}$ (cm)

さらに，BC ∥ OD から，△AOF ∽ △ABC

よって，AF : FC = AO : OB = 1 : 1 なので，

AF = $\dfrac{1}{2}$AC = $\sqrt{15}$ (cm)，

OF = $\dfrac{1}{2}$BC = 1 (cm) となるから，

FD = OD － OF = 4 － 1 = 3 (cm)

∠AFO = ∠ACB = 90° より，

△AFD も直角三角形だから，

AD = $\sqrt{AF^2 + FD^2} = \sqrt{(\sqrt{15})^2 + 3^2}$

　　 $= 2\sqrt{6}$ (cm)

5 (1) 線分 CD を引くと，半円の弧に対する円周角だから，∠BCD = 90°

△BCD で三平方の定理より，

BD = $\sqrt{8^2 + 6^2} = 10$ (cm)

よって，円 O の半径は，10 ÷ 2 = 5 (cm)

(2) 次図で，点 O，M はそれぞれ辺 BD，BC の中点だから，中点連結定理より，

OM ∥ DC，OM = $\dfrac{1}{2}$DC = 3 (cm)

半円の弧に対する円周角だから，∠BAD = 90°

∠BAD = ∠BPC = 90° より，AD ∥ HC

∠DCB = ∠AQB = 90° より，DC ∥ AH

よって，四角形 AHCD は平行四辺形となるので，

AH = DC = 6 cm

ここで，OM ∥ DC，DC ∥ AH より，OM ∥ AH だから，OG : GH = OM : HA = 3 : 6 = 1 : 2

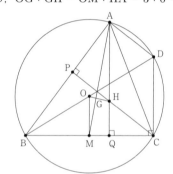

(3) △ABC の面積を S とすると，点 M は辺 BC の中点だから，△ACM = $\dfrac{1}{2}$△ABC = $\dfrac{1}{2}$S

(2)より，OM ∥ AH だから，

GM : GA = OM : HA = 1 : 2

よって，

△GCM = △ACM × $\dfrac{1}{1 + 2} = \dfrac{1}{2}$S × $\dfrac{1}{3} = \dfrac{1}{6}$S

だから，△ABC : △GCM = S : $\dfrac{1}{6}$S = 6 : 1

6 (2)① 次図のように，点 O と B を結ぶと，

直線 BF は円 O の接線だから，∠OBF = 90°

∠BOF = 180° － 90° － 30° = 60° だから，

OB = OC より，△OBC は正三角形となる。

よって，OC = BC = 2 cm

② 図で，AC は直径だから，∠ADC = 90° となり，

△ACD は直角二等辺三角形で,

$AC = 2OC = 4$ (cm)だから,

$$AD = \frac{1}{\sqrt{2}}AC = \frac{4}{\sqrt{2}} = 2\sqrt{2} \text{ (cm)}$$

ここで，∠OBC = 60° より,

∠CBF = 90° − 60° = 30°

よって，△CBF は CB = CF = 2 cm の二等辺三角形だから，点 C から辺 BF に垂線 CH をひくと，△BCH は 30°, 60° の直角三角形となるから,

$$BH = \frac{\sqrt{3}}{2}BC = \sqrt{3} \text{ (cm)},$$

$BF = 2BH = 2\sqrt{3}$ (cm)

さらに，円周角の定理より,

$$\angle BDC = \frac{1}{2}\angle BOC = 30°$$

△CDE で,

∠BEC = ∠EDC + ∠ECD = 30° + 45° = 75°

△FBE で，∠FBE = 180° − (30° + 75°) = 75° だから，△FBE は EF = BF = $2\sqrt{3}$ cm の二等辺三角形となる。

したがって，EC = EF − CF = $2\sqrt{3}$ − 2 (cm)

△EAD ∽△EBC より,

ED : EC = AD : BC だから,

ED : ($2\sqrt{3}$ − 2) = $2\sqrt{2}$: 2

よって，2ED = $2\sqrt{2}$ ($2\sqrt{3}$ − 2)より,

ED = $\sqrt{2}$ ($2\sqrt{3}$ − 2) = $2\sqrt{6}$ − $2\sqrt{2}$ (cm)

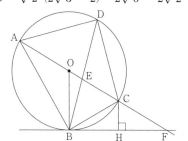

4．空間図形の計量　（P. 45〜50）

――――――〈解答〉――――――

1 (1) (面) AEHD（または，BFGC）　(2) 4（本）

(3) $5\sqrt{2}$ (cm)

2 (1) $4\sqrt{10}$ (cm)　(2) $8\sqrt{19}$ (cm²)

(3) 32 (cm³)　(4) $\dfrac{12\sqrt{19}}{19}$ (cm)

3 (1) 1 (cm²)　(2) $2\sqrt{3}$ (cm)

4 (1) $\dfrac{32\sqrt{5}}{3}\pi$ (cm³)　(2) 6 (cm)

(3) 40π (cm²)　(4) $3\sqrt{7}$ (cm)

5 375π (cm³)

6 (1) 1 : 3　(2) 4 : 9　(3) $\dfrac{475}{8}\pi$ (cm³)

(4) $\dfrac{475}{7}\pi$ (cm³)

7 (1) $2\sqrt{5}$ (cm)　(2) $2\sqrt{5}$ (cm)

(3) ① $10\sqrt{2}$ (cm²)　② $\sqrt{2}$

8 (1) $3\sqrt{2}$ (cm)　(2) $2\sqrt{13}$ (cm)

(3) $6\sqrt{17}$ (cm²)　(4) $\dfrac{21\sqrt{17}}{2}$ (cm²)

9 (1) 5π (cm²)　(2) 1 (cm)　(3) $3 - 2\sqrt{2}$ (cm)

10 (1) 3　(2) 3　(3) 2　(4) $\dfrac{500}{81}\pi$

11 (1) $12\sqrt{3}$ (cm)　(2) $6\sqrt{3}$ − 6 (cm)

(3) $144 - 48\sqrt{3}$ (cm³)

1 (2) 辺 BF, CG, FE, GH の 4 本。

(3) 点 A と直線 GH との距離は線分 AH の長さとなる。

△ADH は直角二等辺三角形だから,

$AH = \sqrt{2}AD = 5\sqrt{2}$ (cm)

2 (1) △AEF について，三平方の定理より,

$AF = \sqrt{12^2 + 4^2} = \sqrt{160} = 4\sqrt{10}$ (cm)

(2) $AH = AF = 4\sqrt{10}$ cm だから，△AFH は二等辺三角形になる。

また，△EFH は直線二等辺三角形だから,

$FH = \sqrt{2}EF = 4\sqrt{2}$ (cm)であり,

次図のように，A から FH に垂線 AM を下ろすと，M は FH の中点だから，$FM = 2\sqrt{2}$ cm

△AFM について,

$AM^2 = (4\sqrt{10})^2 - (2\sqrt{2})^2 = 160 - 8 = 152$

よって，AM $= \sqrt{152} = 2\sqrt{38}$ (cm) だから，

$$\triangle \text{AFH} = \frac{1}{2} \times 4\sqrt{2} \times 2\sqrt{38} = 8\sqrt{19} \text{ (cm}^2)$$

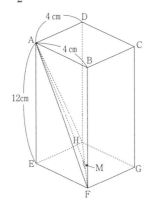

(3) △EFH を底面として体積を求めると，

$$\frac{1}{3} \times \left(\frac{1}{2} \times 4 \times 4 \right) \times 12 = 32 \text{ (cm}^3)$$

(4) この高さを h cm とすると，

$$\frac{1}{3} \times 8\sqrt{19} \times h = 32$$ が成り立つから，

$$h = \frac{32 \times 3}{8\sqrt{19}} = \frac{12}{\sqrt{19}} = \frac{12\sqrt{19}}{19}$$

③ (1) 次図 1 の二等辺三角形 PQR で，点 Q から辺 PR に垂線 QH をひく。

△PQH は 30°，60° の直角三角形となるので，

$$\text{QH} = \frac{1}{2}\text{PQ} = 1 \text{ (cm)}$$

よって，

$$\triangle \text{PQR} = \frac{1}{2} \times \text{PR} \times \text{QH} = \frac{1}{2} \times 2 \times 1$$
$$= 1 \text{ (cm}^2)$$

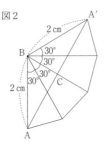

(2) 側面を展開すると，前図 2 のようになり，最短のひ もの長さは線分 AA′ である。

△BAA′ は BA = BA′ の二等辺三角形で，

∠ABC = ∠A′BC = 60° より，

線分 BC は ∠ABA′ の二等分線となるので，

AC = A′C，BC ⊥ AA′

△ABC は 30°，60° の直角三角形だから，

$$\text{AC} = \frac{\sqrt{3}}{2}\text{AB} = \sqrt{3} \text{ (cm)}$$

よって，AA′ $= \sqrt{3} \times 2 = 2\sqrt{3}$ (cm)

④ (1) $\dfrac{1}{3}\pi \times 4^2 \times 2\sqrt{5} = \dfrac{32\sqrt{5}}{3}\pi$ (cm³)

(2) △ABO は直角三角形なので，三平方の定理より，

$$\text{AB} = \sqrt{4^2 + (2\sqrt{5})^2} = 6 \text{ (cm)}$$

(3) 円錐の側面積は，$\pi \times 6^2 \times \dfrac{2\pi \times 4}{2\pi \times 6} = 24\pi$ (cm²)，

底面積は，$\pi \times 4^2 = 16\pi$ (cm²)

よって，表面積は，$24\pi + 16\pi = 40\pi$ (cm²)

(4) 側面の展開図で，おうぎ形の中心角は，

$$360° \times \frac{2\pi \times 4}{2\pi \times 6} = 240°$$ だから，次図において，

∠BAC = ∠B′AC $= \dfrac{1}{2} \times 240° = 120°$ となる。

したがって，∠CAH = 180° − 120° = 60° だから，

△ACH は 30°，60° の直角三角形となるので，

$$\text{AH} = \text{AC} \times \frac{1}{2} = 6 \times \frac{1}{2} = 3 \text{ (cm)},$$

$$\text{CH} = \frac{\sqrt{3}}{2}\text{AC} = \frac{\sqrt{3}}{2} \times 6 = 3\sqrt{3} \text{ (cm)}$$

よって，直角三角形 PCH において，

$$\text{PC} = \sqrt{\left(\frac{6}{2} + 3 \right)^2 + (3\sqrt{3})^2} = 3\sqrt{7} \text{ (cm)}$$

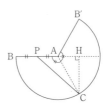

⑤ G の体積を V cm³ とおくと，

$81\pi : \text{V} = 3^3 : 5^3$ より，$81\pi : \text{V} = 27 : 125$

比例式の性質より，$27\text{V} = 81\pi \times 125$ だから，

V $= 375\pi$

⑥ (1) 次図で，△RPE と △RQF と △ROG は相似で，

その相似比は，RP : RQ : RO = 1 : 2 : 3

よって，PE : OG = 1 : 3 より，求める比も 1 : 3。

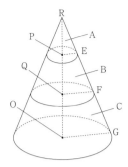

(2) QF：OG ＝ 2：3 より，円 Q と円 O の半径の比も

2：3 だから，求める面積比は，$2^2 : 3^2 = 4 : 9$

(3) 底面が円 P で高さが RP の円錐（立体 A）と，底面が円 Q で高さが RQ の円錐（立体 A ＋立体 B）と，底面が円 O で高さが RO の円錐（立体 A ＋立体 B ＋立体 C）は相似で，その相似比は 1：2：3 だから，体積の比は，$1^3 : 2^3 : 3^3 = 1 : 8 : 27$

よって，立体 A，立体 B，立体 C の体積の比は，

1：(8 － 1)：(27 － 8) ＝ 1：7：19 なので，

求める体積は，$25\pi \times \dfrac{19}{1+7} = \dfrac{475}{8}\pi \ (\mathrm{cm}^3)$

(4) $25\pi \times \dfrac{19}{7} = \dfrac{475}{7}\pi \ (\mathrm{cm}^3)$

7 (1) △ABC で三平方の定理より，

$AC = \sqrt{6^2 - 4^2} = \sqrt{20} = 2\sqrt{5} \ (\mathrm{cm})$

(2) 面 ABED と面 BCFE を展開すると，次図アのようになる。

線分 AF と辺 BE との交点を P とするとき，

AP ＋ PF ＝ AF となりもっとも短くなる。

AC ＝ 4 ＋ 6 ＝ 10 (cm)だから，△ACF で，

$AF = \sqrt{10^2 + 5^2} = \sqrt{125} = 5\sqrt{5} \ (\mathrm{cm})$

BP ∥ CF より，

AP：AF ＝ AB：AC だから，AP：$5\sqrt{5}$ ＝ 4：10

よって，$10AP = 20\sqrt{5}$ より，$AP = 2\sqrt{5} \ (\mathrm{cm})$

(3) ① 図アの△AFC で，BP ∥ CF より，

BP：CF ＝ AB：AC だから，BP：5 ＝ 4：10

10BP ＝ 20 より，BP ＝ 2 (cm)

したがって，PE ＝ 5 － 2 ＝ 3 (cm)

図 2 の△ACF で，

$AF = \sqrt{(2\sqrt{5})^2 + 5^2} = \sqrt{45} = 3\sqrt{5} \ (\mathrm{cm})$

また，△PEF で，

$PF = \sqrt{3^2 + 6^2} = \sqrt{45} = 3\sqrt{5} \ (\mathrm{cm})$

よって，△AFP は AF ＝ PF の二等辺三角形になる。

次図イのように，点 F から辺 AP に垂線 FH をひくと，$AH = PH = \dfrac{1}{2}AP = \sqrt{5} \ (\mathrm{cm})$

△AFH で，

$FH = \sqrt{(3\sqrt{5})^2 - (\sqrt{5})^2} = \sqrt{40}$
$\quad = 2\sqrt{10} \ (\mathrm{cm})$

したがって，

$\triangle AFP = \dfrac{1}{2} \times 2\sqrt{5} \times 2\sqrt{10} = 10\sqrt{2} \ (\mathrm{cm}^2)$

② 三角錐 ADPC と三角錐 ADPF は，底面を△ADP としたとき，高さがそれぞれ AC，DF で等しいので体積は等しい。

したがって，

$\triangle APC = \dfrac{1}{2} \times AP \times AC = \dfrac{1}{2} \times 2\sqrt{5} \times 2\sqrt{5}$
$\qquad\qquad = 10 \ (\mathrm{cm}^2)$ より，

$\dfrac{1}{3} \times 10 \times a = \dfrac{1}{3} \times 10\sqrt{2} \times b$ だから，

$\dfrac{a}{b} = \dfrac{10\sqrt{2}}{10} = \sqrt{2}$

図ア

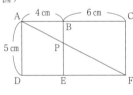

図イ

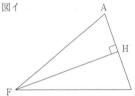

8 (1) △QAP は QA ＝ PA ＝ 3cm の直角二等辺三角形だから，$PQ = 3\sqrt{2}$ cm

(2) 次図のように，平面 AEGC で切り，AC，EG の中点を T，U，AC と PQ の交点を V，TU と VG の交点を W とおくと，△WTV ∽△WUG で，

VT：GU ＝ 1：2 だから，TW：UW ＝ 1：2 で，

$UW = 6 \times \dfrac{2}{1+2} = 4 \ (\mathrm{cm})$

UW ＝ FR だから，△RFG で三平方の定理より，

$GR = \sqrt{RF^2 + FG^2} = \sqrt{4^2 + 6^2} = \sqrt{52}$
$\quad = 2\sqrt{13} \ (\mathrm{cm})$

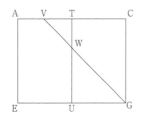

(3) $\triangle$GSR は二等辺三角形で, GS = GR = $2\sqrt{13}$cm,
SR = DB = $\sqrt{2}$AB = $6\sqrt{2}$ (cm)だから, $\triangle$GSR
で G から SR に垂線をひき交点を X とおくと,

$$RX = \frac{1}{2}SR = 3\sqrt{2} \text{ (cm)}$$

$\triangle$GRX で三平方の定理より,

$$GX = \sqrt{GR^2 - RX^2} = \sqrt{(2\sqrt{13})^2 - (3\sqrt{2})^2}$$
$$= \sqrt{34} \text{ (cm)}$$

よって,

$$\triangle GSR = \frac{1}{2} \times 6\sqrt{2} \times \sqrt{34} = 6\sqrt{17} \text{ (cm}^2)$$

(4) 台形 PRSQ は, QP = $3\sqrt{2}$cm, SR = $6\sqrt{2}$cm
で, 高さは図の VW と等しい。
$\triangle$VTW で,

$$VT = \frac{1}{4}AC = \frac{1}{4} \times 6\sqrt{2} = \frac{3\sqrt{2}}{2} \text{ (cm)},$$

TW = 6 − 4 = 2 (cm)だから, 三平方の定理より,

$$VW = \sqrt{VT^2 + TW^2} = \sqrt{\left(\frac{3\sqrt{2}}{2}\right)^2 + 2^2}$$
$$= \frac{\sqrt{34}}{2} \text{ (cm)}$$

したがって,
台形 PRSQ

$$= \frac{1}{2} \times (3\sqrt{2} + 6\sqrt{2}) \times \frac{\sqrt{34}}{2} = \frac{9\sqrt{17}}{2} \text{ (cm}^2)$$

よって, 求める面積は,

$$6\sqrt{17} + \frac{9\sqrt{17}}{2} = \frac{21\sqrt{17}}{2} \text{ (cm}^2)$$

9 (1) 次図1の直角三角形 ABC で,
三平方の定理より,
AB = $\sqrt{3^2 - 2^2} = \sqrt{5}$ (cm)
よって, S = $\pi \times (\sqrt{5})^2 = 5\pi$ (cm²)

(2) 水面の面積は, $\frac{1}{5} \times 5\pi = \pi$ (cm²)で,
$\pi \times r^2 = \pi$ より, $r = 1$ cm

(3) 次図2の直角三角形 DEF で, 三平方の定理より,
DF = $\sqrt{3^2 - 1^2} = 2\sqrt{2}$ (cm)

よって, $h = 3 - 2\sqrt{2}$ (cm)

図1　　　　　　　　図2

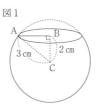 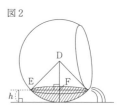

10 (1) $\triangle$BCD で, BD = $\sqrt{2}$BC = 2
よって, BH = $\frac{1}{2}$BD = $\frac{1}{2} \times 2 = 1$
$\triangle$ABH で三平方の定理より,
AH = $\sqrt{AB^2 - BH^2} = 3$

(2) $\triangle$ABD = $\frac{1}{2} \times 2 \times 3 = 3$

(3) $\frac{1}{3} \times \sqrt{2}^2 \times 3 = 2$

(4) 半径を r とおくと, AO = BO = r
OH = AH − AO = 3 − r だから,
$\triangle$OBH で三平方の定理より,
BO² = BH² + OH² が成り立つから,
$r^2 = 1^2 + (3 - r)^2$ より, $r = \frac{5}{3}$

よって, 求める体積は, $\frac{4}{3} \times \pi \times \left(\frac{5}{3}\right)^3 = \frac{500}{81}\pi$

11 (1) 三平方の定理より,
EC = $\sqrt{CG^2 + EG^2} = \sqrt{CG^2 + EF^2 + FG^2}$
$= \sqrt{12^2 + 12^2 + 12^2} = 12\sqrt{3}$ (cm)

(2) EG = $\sqrt{2}$EF = $12\sqrt{2}$ (cm)
EG の中点を M とすると, 大きい球は面 EFGH と
点 M で接する。
立方体と2つの球を, A, E, G, C を通る面で切断
すると, 切断面は次図のようになる。
大きい方の球の中心を O, 小さい方の球の中心を O′
とすると, O, O′ は線分 EC 上の点。
OM ∥ CG より,
EO : EC = OM : CG = 1 : 2 だから,
EO = $\frac{1}{2}$EC = $6\sqrt{3}$ (cm)

よって, EQ = EO − OQ = $6\sqrt{3} - 6$ (cm)

(3) 次図のように, 点 Q から線分 EG に垂線 QN をひ
くと, QN ∥ OM より, EQ : EO = QN : OM
したがって, $(6\sqrt{3} - 6) : 6\sqrt{3} = QN : 6$ だから,
QN = $\frac{6\sqrt{3} - 6}{\sqrt{3}} = 6 - 2\sqrt{3}$ (cm)

よって，四面体 QEFH の体積は，

$$\frac{1}{3} \times \triangle EFH \times QN$$

$$= \frac{1}{3} \times \left(\frac{1}{2} \times 12 \times 12\right) \times (6 - 2\sqrt{3})$$

$$= 144 - 48\sqrt{3} \ (cm^3)$$

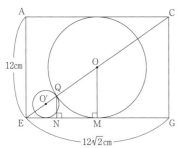

◇**数量関係**◇

1．関　数（P. 52〜61）

§1．比例・反比例

――〈解答〉――
1 (1) $y = -2x$　(2) $y = \dfrac{8}{x}$　(3) $(y =) -3$

(4) $(y =) 240$　(5) $-\dfrac{1}{2}$　(6) $y = \dfrac{12}{x}$

2 (1) $-3 \leqq y \leqq 2$　(2) $12 \leqq y \leqq 18$　(3) 6（個）

(4) 6（個）

1 (1) y は x に比例するから，$y = ax$ と表せる。

$x = 3$，$y = -6$ を代入して，$-6 = a \times 3$ だから，

$3a = -6$ より，$a = -2$　よって，$y = -2x$

(2) $y = \dfrac{a}{x}$ とすると，$4 = \dfrac{a}{2}$ より，

$a = 8$ なので，$y = \dfrac{8}{x}$

(3) $y = ax$ として，$x = -3$，$y = 18$ を代入すると，

$18 = -3a$ より，$a = -6$

よって，$y = -6x$ に $x = \dfrac{1}{2}$ を代入して，

$y = -6 \times \dfrac{1}{2} = -3$

(4) y は x に反比例するから，求める y の値について，

$\dfrac{1}{10}y = 8 \times 3$　よって，$y = 240$

(5) $y = \dfrac{6}{x}$ に $x = -6$ を代入すると，$y = \dfrac{6}{-6} = -1$

また，$x = -2$ を代入すると，$y = \dfrac{6}{-2} = -3$

よって，求める変化の割合は，

$$\frac{-3 - (-1)}{-2 - (-6)} = \frac{-2}{4} = -\frac{1}{2}$$

(6) $y = \dfrac{a}{x}$ とおく。

$x = 1$ を代入すると，$y = \dfrac{a}{1} = a$

また，$x = 6$ を代入すると，$y = \dfrac{a}{6}$

このとき，変化の割合は，

$$\left(\frac{a}{6} - a\right) \div (6 - 1) = -\frac{5}{6}a \div 5 = -\frac{1}{6}a$$ だから，

$-\dfrac{1}{6}a = -2$ が成り立つ。

よって，$a = 12$ だから，$y = \dfrac{12}{x}$

2 (1) $x = -4$ のとき,

$y = -\dfrac{1}{2} \times (-4) = 2$ で最大値をとり,

$x = 6$ のとき, $y = -\dfrac{1}{2} \times 6 = -3$ で最小値をとる。

よって, y の変域は, $-3 \leqq y \leqq 2$

(2) $x = 2$ のとき, $y = 18$

また, $x = 3$ のとき, $y = 12$

よって, y の変域は, $12 \leqq y \leqq 18$

(3) x が 12 の約数であればよいから,

$(1, 12)$, $(2, 6)$, $(3, 4)$, $(4, 3)$, $(6, 2)$, $(12, 1)$ の 6 個。

(4) 比例定数を a として, 反比例の式を $y = \dfrac{a}{x}$ とする

と, $a = xy = \dfrac{4}{5} \times 15 = 12$

よって, $y = \dfrac{12}{x}$ なので, 求める座標は,

$(1, 12)$, $(2, 6)$, $(3, 4)$, $(4, 3)$, $(6, 2)$, $(12, 1)$ の 6 個。

§2．1次関数

---〈解答〉---

1 (1) $y = 2x + 5$ (2) $y = -x + 7$

　(3) $y = -2x$ (4) $(2, 1)$ (5) $(3, 0)$

2 (1) 10 (2) $(a =) -4$ (3) $(a =) -1$

　(4) $(a =) -1$ 　$(b =) 3$

3 (1) $y = \dfrac{6}{5}x + 14$ (2) 50 (g)

---

1 (1) グラフの傾きが 2 なので, 式を $y = 2x + b$ と

おいて $x = -3$, $y = -1$ を代入すると,

$-1 = 2 \times (-3) + b$ より, $b = 5$

よって, $y = 2x + 5$

(2) 求める式を $y = ax + b$ とすると,

$a = \dfrac{2 - 9}{5 - (-2)} = \dfrac{-7}{7} = -1$

$y = -x + b$ に, $x = 5$, $y = 2$ を代入して,

$2 = -5 + b$ より, $b = 7$

よって, 求める式は, $y = -x + 7$

(3) 求める直線の傾きは -2 だから,

直線の式を $y = -2x + b$ とおいて,

$x = -1$, $y = 2$ を代入すると,

$2 = -2 \times (-1) + b$ より, $b = 0$

よって, $y = -2x$

(4) 2 式から y を消去して, $3x - 5 = -2x + 5$ より,

$5x = 10$ なので, $x = 2$

よって, $y = 3 \times 2 - 5 = 1$ だから,

交点の座標は, $(2, 1)$

(5) 2 直線の交点の x 座標は, $2x - 6 = -x + 3$ より,

$3x = 9$ だから, $x = 3$

また, y 座標は, $y = -3 + 3 = 0$

2 (1) 直線の傾きは, $\dfrac{4 - (\ 8\ )}{1 - (-3)} = 3$ なので,

式を $y = 3x + b$ とすると,

$4 = 3 \times 1 + b$ より, $b = 1$ だから,

$y = 3x + 1$ に $x = 3$ を代入して,

$y = 3 \times 3 + 1 = 10$

(2) $(-1, 2)$, $(1, 6)$ を通る直線は,

傾きが, $\dfrac{6 - 2}{1 - (-1)} = 2$ より, $y = 2x + b$

これに $x = -1$, $y = 2$ を代入して,

$2 = -2 + b$ より, $b = 4$　よって, $y = 2x + 4$

これに $x = a$, $y = -4$ を代入して,

$-4 = 2a + 4$ より, $a = -4$

(3) 2 直線 $y = x - 4$, $y = -2x + 5$ の交点の x 座標

は, $x - 4 = -2x + 5$ より, $x = 3$ なので,

y 座標は, $y = 3 - 4 = -1$

よって, 点 $(3, -1)$ を直線 $y = ax + 2$ が通ればよ

いので, $-1 = 3a + 2$ より, $a = -1$

(4) $y = ax + b$ に交点の座標を代入すると,

$5 = -2a + b$……①

また, $y = -2ax + 3b$ に代入すると,

$5 = 4a + 3b$……②

①$\times 2 +$②より, $5b = 15$ だから, $b = 3$

これを①に代入して, $5 = -2a + 3$ より, $a = -1$

3 (1) おもりの重さが 5g 増えるごとに, ばねの長さ

は 6cm ずつ増えている。

よって, y は x の 1 次関数と考えられるから,

$y = \dfrac{6}{5}x + b$ と表せ, この式に, $x = 5$, $y = 20$ を

代入して, $20 = \dfrac{6}{5} \times 5 + b$ より, $b = 14$

よって, $y = \dfrac{6}{5}x + 14$

(2) $74 = \dfrac{6}{5}x + 14$ より, $x = 50$

§3. 関数 $y = ax^2$

── 〈解答〉 ──

$\boxed{1}$ (1) $(a =)\ \dfrac{3}{4}$　(2) $(y =)\ 18$　(3) $(a =)\ 5$

(4) $-8 \leqq y \leqq 0$　(5) $(a =) -\dfrac{2}{3}$

$\boxed{2}$ (1) $y = \dfrac{1}{4}x^2$　(2) 3　(3) 81（倍）

$\boxed{3}$ (1) $y = 2x - 1$　(2) 1

(3)（最大値）1　（最小値）$\dfrac{3}{4}$

$\boxed{4}$ (1) $y = x + 2$　(2) $(a =) -\dfrac{1}{2}$

$\boxed{5}$ (1) -2　(2) $(a =) -4$

$\boxed{6}$ (1) $y = -2x + 8$

(2) ① $(2,\ 4)$　② $(-12,\ 0)$　③ $\left(0,\ \dfrac{8}{3}\right)$

$\boxed{1}$ (1) $y = ax^2$ に $x = -2$, $y = 3$ を代入すると，

$3 = a \times (-2)^2$ より，$a = \dfrac{3}{4}$

(2) a を比例定数として，$y = ax^2$ と表せる。

この式に，$x = 2$, $y = 8$ を代入して，

$8 = a \times 2^2$ より，$4a = 8$

よって，$a = 2$ だから，$y = 2x^2$ に，$x = -3$ を代入して，求める値は，$y = 2 \times (-3)^2 = 18$

(3) $x = a$ のとき $y = a^2$, $x = a + 3$ のとき，

$y = (a + 3)^2 = a^2 + 6a + 9$

x の値が a から $a + 3$ まで増加するときの変化の割合は，$\dfrac{a^2 + 6a + 9 - a^2}{a + 3 - a} = 2a + 3$

よって，$2a + 3 = 13$ を解いて，$a = 5$

(4) $x = 2$ のとき，$y = -2 \times 2^2 = -8$ で最小値をとり，$x = 0$ のとき $y = 0$ で最大値をとる。

よって，y の変域は，$-8 \leqq y \leqq 0$

(5) y の最小値が負だから，$a < 0$ とわかる。

$a < 0$ のとき，x の絶対値が大きいほど y の値は小さくなるから，$x = 3$ のとき $y = -6$ である。

よって，$y = ax^2$ に，$x = 3$, $y = -6$ を代入して，

$-6 = a \times 3^2$ より，$a = -\dfrac{2}{3}$

$\boxed{2}$ (1) y は x の 2 乗に比例するから，$y = ax^2$ と表せる。

$x = 4$ のとき $y = 4$ だから，$4 = a \times 4^2$ より，

$16a = 4$ から，$a = \dfrac{1}{4}$　よって，$y = \dfrac{1}{4}x^2$

(2) $y = \dfrac{1}{4}x^2$ に，$x = 2$ を代入して，

$y = \dfrac{1}{4} \times 2^2 = 1$

$x = 10$ を代入して，$y = \dfrac{1}{4} \times 10^2 = 25$

よって，変化の割合は，$\dfrac{25 - 1}{10 - 2} = \dfrac{24}{8} = 3$

(3) ひもの長さは周期の 2 乗に比例するから，周期を 9 倍にするためには，ひもの長さを，$9^2 = 81$（倍）にすればよい。

$\boxed{3}$ (1) 直線 AB は，傾きが，

$\left(3 - \dfrac{1}{2}\right) \div \left(2 - \dfrac{3}{4}\right) = \dfrac{5}{2} \div \dfrac{5}{4} = 2$ だから，

直線の式を $y = 2x + b$ とおいて，

点 B の座標を代入すると，$3 = 2 \times 2 + b$ より，

$b = -1$　よって，求める式は，$y = 2x - 1$

(2) 2 つの線が接する場合も交点とよぶものとする。

放物線 C の式は，$y = x^2$ だから，

交点の x 座標は，$x^2 = 2x - 1$ の解となる。

$x^2 - 2x + 1 = 0$ より，$(x - 1)^2 = 0$

よって，$x = 1$ だから，交点の x 座標は 1

(3) 放物線 C が線分 AB と交わるとき，$a > 0$ で，放物線は a が大きいほど開き方が小さくなる。

よって，次図のように，a の最大値は(2)の場合で，$a = 1$

最小値は，B $(2,\ 3)$ を通る場合で，

$y = ax^2$ に，$x = 2$, $y = 3$ を代入して，

$3 = a \times 2^2$ より，$a = \dfrac{3}{4}$

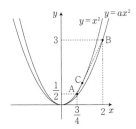

$\boxed{4}$ (1) 点 A は関数 $y = x^2$ のグラフ上の点なので，この関数の式に点 A の x 座標の値を代入すると，

$y = (-1)^2 = 1$ で，A $(-1,\ 1)$

同様に，点 B も関数 $y = x^2$ のグラフ上の点なので，この関数の式に点 B の x 座標の値を代入すると，

$y = 2^2 = 4$ で，B $(2, 4)$

直線 AB の式を $y = px + q$ とすると，2 点 A，B はこの直線上の点なので，その座標の値をそれぞれ

代入すると，$\begin{cases} 1 = -p + q \\ 4 = 2p + q \end{cases}$

これを連立方程式として解くと，$p = 1$，$q = 2$ なので，直線 AB の式は，$y = x + 2$

(2) 点 C は関数 $y = ax^2$ のグラフ上の点なので，この関数の式に点 C の x 座標の値を代入すると，

$y = a \times (-4)^2 = 16a$ で，C $(-4, 16a)$

BD が y 軸と平行より，点 D の x 座標は点 B と同じ 2。

点 D も関数 $y = ax^2$ のグラフ上の点なので，この関数の式に点 D の x 座標の値を代入すると，

$y = a \times 2^2 = 4a$ で，D $(2, 4a)$

AB ∥ CD より，直線 CD の傾きは直線 AB の傾きと同じ 1。

直線 CD の傾きは，x の値が -4 から 2 まで増加したときの変化の割合なので，

$\dfrac{4a - 16a}{2 - (-4)} = 1$ より，$-2a = 1$　よって，$a = -\dfrac{1}{2}$

5 (1) $x = -4$ のとき，$y = \dfrac{1}{2} \times (-4)^2 = 8$

$x = 0$ のとき，$y = 0$

よって，求める変化の割合は，

$\dfrac{8 - 0}{-4 - 0} = \dfrac{8}{-4} = -2$

(2) $y = \dfrac{1}{2}x^2$ に $x = 2$ を代入して，$y = \dfrac{1}{2} \times 2^2 = 2$

よって，A $(2, 2)$

②のグラフの式を $y = \dfrac{b}{x}$ とすると，点 A は②のグラフ上の点であるから，$2 = \dfrac{b}{2}$ より，$b = 4$

よって，②のグラフの式は，$y = \dfrac{4}{x}$

ここで，点 B は $y = \dfrac{4}{x}$ 上の点で，

x 座標，y 座標がともに負の整数だから，

点 B の座標として考えられるのは，

$(-1, -4)$，$(-2, -2)$，$(-4, -1)$ の 3 通り。

このうち，a が整数となる場合は，B $(-1, -4)$ で，

$-4 = a \times (-1)^2$ より，$a = -4$

6 (1) 直線 ℓ の傾きは，$\dfrac{0 - 8}{4 - 0} = -2$ なので，

$y = -2x + 8$

(2)① $x^2 = -2x + 8$ より，$x^2 + 2x - 8 = 0$ なので，

$(x + 4)(x - 2) = 0$ から，$x = -4$，2

点 D の x 座標は正なので，$x = 2$ で，

y 座標は，$y = 2^2 = 4$

よって，D $(2, 4)$

② 点 C の x 座標は -4 なので，

$y = (-4)^2 = 16$ より，C $(-4, 16)$

直線 OD の式は，傾きが $\dfrac{4}{2} = 2$ より，$y = 2x$

なので，直線 OD と平行で点 C を通る直線を，

$y = 2x + b$ とすると，

点 C を通るから，$16 = 2 \times (-4) + b$

これを解いて，$b = 24$ より，$y = 2x + 24$ だから，

$y = 0$ を代入して，$0 = 2x + 24$

よって，$-2x = 24$ より，$x = -12$ なので，

$(-12, 0)$

③ 点 B と y 軸について対称にある点を Q とすると，

Q $(-4, 0)$ で，BP + PD の長さが最小となるとき，QP + PD も最小となるから，直線 QD と y 軸の交点が P となる。

直線 QD の式は，傾きが $\dfrac{4 - 0}{2 - (-4)} = \dfrac{2}{3}$ より，

$y = \dfrac{2}{3}x + c$ とすると，$4 = \dfrac{2}{3} \times 2 + c$ から，

$c = \dfrac{8}{3}$　よって，P $\left(0, \dfrac{8}{3}\right)$

§4．いろいろな事象と関数

―〈解答〉―

$\boxed{1}$ (1) $\dfrac{1}{2}$ (cm²)　(2) $\dfrac{3}{2}$ (cm²)

(3) $2 + \sqrt{2}$（秒後）

$\boxed{2}$ エ

$\boxed{3}$ (1)（次図）　(2) いのしし（エリア）　200（円）

(3) $78 < x < 120$

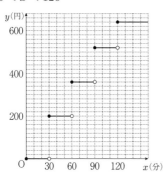

$\boxed{4}$ (1)（分速）70（m）　(2) $y = -70x + 1400$

(3) 700（m）　(4) 9（分）40（秒）

$\boxed{1}$ (1) 重なってできる部分は，等しい辺が 1 cm の直角二等辺三角形になるから，

$$\dfrac{1}{2} \times 1 \times 1 = \dfrac{1}{2} \text{ (cm}^2)$$

(2) 次図 I のように，等しい辺が 2 cm の直角二等辺三角形から，等しい辺が 1 cm の直角二等辺三角形を除いた形になるから，

$$\dfrac{1}{2} \times 2 \times 2 - \dfrac{1}{2} \times 1 \times 1 = \dfrac{3}{2} \text{ (cm}^2)$$

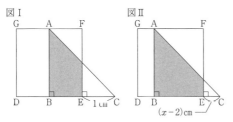

(3) 2 秒後から 4 秒後までは前図 II のような形になる。△ABC が正方形 DEFG から出ている部分は，等しい辺が $(x - 2)$ cm の直角二等辺三角形だから，重なってできる部分の面積について，

$$\dfrac{1}{2} \times 2 \times 2 - \dfrac{1}{2} \times (x - 2)^2 = 1 \text{ が成り立つ。}$$

整理して，$x^2 - 4x + 2 = 0$

解の公式より，

$$x = \dfrac{-(-4) \pm \sqrt{(-4)^2 - 4 \times 1 \times 2}}{2 \times 1}$$

$$= \dfrac{4 \pm 2\sqrt{2}}{2} = 2 \pm \sqrt{2}$$

$2 \le x \le 4$ だから，$x = 2 + \sqrt{2}$

$\boxed{2}$ $0 \le x \le 4$ のとき，

$y = \dfrac{1}{2} \times (x + 2x) \times 4 = 6x$ で，

$x = 4$ のとき，$y = 6 \times 4 = 24$

$4 \le x \le 8$ のとき，

$y = \dfrac{1}{2} \times (x + 16 - 2x) \times 4 = -2x + 32$

$\boxed{3}$ (1) まず，0 分以上 30 分未満は 0 円だから，点 $(0, 0)$ と $(30, 0)$ を線分で結び，$(0, 0)$ には●を，$(30, 0)$ には○をつける。

次に，30 分以上 60 分未満は 200 円だから，点 $(30, 200)$ と $(60, 200)$ を線分で結び，$(30, 200)$ には●を，$(60, 200)$ には○をつける。

次に，60 分以上 90 分未満は 360 円だから，点 $(60, 360)$ と $(90, 360)$ を線分で結び，$(60, 360)$ には●を，$(90, 360)$ には○をつける。

次に，90 分以上 120 分未満は 520 円だから，点 $(90, 520)$ と $(120, 520)$ を線分で結び，$(90, 520)$ には●を，$(120, 520)$ には○をつける。

次に，120 分以上は 640 円だから，点 $(120, 640)$ に●をつけ，$x \ge 120$ で，$y = 640$ の直線をひく。

よって，次図 1 のようになる。

図 1

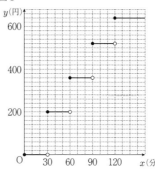

(2) とらエリアの駐車料金は 360 円。

いのししエリアの駐車料金は，

$20 \times (70 - 60) = 200$（円）

うしエリアの駐車料金は 540 円。

よって，最も駐車料金が安いエリアは，いのししエ

リアで，駐車料金は 200 円。

(3) とらエリアの駐車料金とうしエリアの駐車料金を比べると，$0 \leqq x < 120$ では，とらエリアの方が安い。
よって，この範囲で，とらエリアの駐車料金といのししエリアの駐車料金を比べる。
いのししエリアの駐車時間と駐車料金について，
y を x の式で表すと，$y = 20x + b$ として，
$x = 60$，$y = 0$ を代入すると，$0 = 20 \times 60 + b$ より，
$b = -1200$　よって，$y = 20x - 1200$
$60 \leqq x < 90$ のとき，
とらエリアの駐車料金は 360 円だから，
$y = 20x - 1200$ に $y = 360$ を代入して，
$360 = 20x - 1200$ より，$x = 78$
また，$x = 90$ のとき，
$y = 20 \times 90 - 1200 = 600$ より，グラフは次図 2
のようになる。
よって，求める x の値の範囲は，$78 < x < 120$

図 2

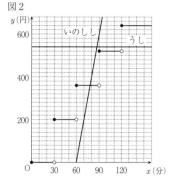

$\boxed{4}$　(1) 14 分間で 980m 歩いているので，
分速，$980 \div 14 = 70$（m）

(2) B さんのグラフは，$(6, 980)$，$(20, 0)$ を通る直線なので，
グラフの傾きは，$\dfrac{0 - 980}{20 - 6} = \dfrac{-980}{14} = -70$
式を $y = -70x + b$ とおき，$x = 20$，$y = 0$ を代入すると，$0 = -70 \times 20 + b$ より，$b = 1400$
よって，$y = -70x + 1400$

(3) $0 \leqq x \leqq 14$ の A さんのグラフの式は $y = 70x$ だから，この式を $y = -70x + 1400$ に代入すると，
$70x = -70x + 1400$
これを解くと，$x = 10$
$y = 70x$ に $x = 10$ を代入して，$y = 70 \times 10 = 700$
よって，P 地点から 700m の地点。

(4) 図書館は P 地点から，
$300 \times 2 = 600$（m）の地点にある。
$y = 70x$ に $x = 12$ を代入すると，
$y = 70 \times 12 = 840$
また，$y = -70x + 1400$ に $x = 12$ を代入すると，
$y = -70 \times 12 + 1400 = 560$
したがって，9 時 12 分に A さんは P 地点から 840m の地点，B さんは 560m の地点にいる。
C さんはこの 2 人のちょうどまん中にいるので，
$\dfrac{840 + 560}{2} = 700$ より，C さんが 9 時 12 分にいるのは，P 地点から 700m の地点。
図書館からここまで C さんは，
$(700 - 600) \div 300 = \dfrac{1}{3}$（分），
つまり 20 秒かかったから，
C さんが図書館にいた時間は，9 時 2 分から，
9 時 12 分 − 20 秒 = 9 時 11 分 40 秒までの，
9 分 40 秒。

2．関数と図形　（P．62～71）

───〈解答〉───

1 (1) B $(-4,\ 0)$, P $(2,\ 3)$　(2) 6　(3) 3：2

2 (1) $(1,\ 1)$　(2) $\dfrac{4}{3}$　(3) 10　(4) 3：1

3 (1) $(4,\ 8)$　(2) $y=-x+12$　(3) $(-6,\ 18)$

　　(4) $\dfrac{3}{2}$（倍）

4 (1) $(a=)\ \dfrac{1}{2}$　(2) $y=-\dfrac{1}{2}x+6$

　　(3) $\left(-3,\ \dfrac{9}{2}\right)$, $(2,\ 2)$　(4) 7：5

5 (1) $(a=)\ \dfrac{1}{3}$　(2) $(-\sqrt{3},\ 1)$　(3) 6　(4) $3\sqrt{3}$

　　(5) 1：2

6 (1) $(-2,\ 4)$　(2) 3　(3) 5：2

　　(4) $y=19x-3$

7 (1) $0\leqq y\leqq 16a$　(2) $(a=)\ 2$

　　(3) $y=-2x+4$

8 (1) $(a=)\ 1$　(2) $y=2x+3$　(3) 6

　　(4) $y=\dfrac{7}{2}x$

9 (1) $(4,\ 8)$　(2) $(a=)\ \dfrac{1}{2}$　(3) $y=5x$

10 (1) $(a=)\ \dfrac{1}{4}$　(2) $y=\dfrac{1}{2}x+12$　(3) 70

　　(4) $y=-\dfrac{5}{4}x+\dfrac{55}{4}$

11 (1) $y=-x-4$　(2) 12　(3) $(1,\ -5)$

　　(4) $(6,\ -18)$

12 (1) $(a=)\ 6$　(2) $(-3,\ -2)$　(3) $y=\dfrac{1}{3}x-1$

　　(4) 15　(5) $(-1,\ -6)$

13 (1) $(a=)\ 1$　(2) $0\leqq y\leqq 8$　(3) $2a$

　　(4) $(a=)\ \dfrac{7}{2}$

14 (1) $(-1,\ \sqrt{3})$　(2) $(a=)\ \sqrt{3}$　(3) $30°$

　　(4) 1：4　(5) $(-2,\ 2\sqrt{3})$

15 (1) 4　(2) $y=\dfrac{1}{2}x+2$　(3) $(y=)-\dfrac{1}{2}$

　　(4) $(t=)\ \dfrac{4}{3}$

16 (1) 4　(2) 5　(3) $2\sqrt{5}$　(4) $\dfrac{32\sqrt{5}}{15}\pi$

---

1 (1) $y=\dfrac{1}{2}x+2$ に $y=0$ を代入して，

$$0=\dfrac{1}{2}x+2 \text{ より，} x=-4$$

よって，B $(-4,\ 0)$

また，$y=-x+5$ と $y=\dfrac{1}{2}x+2$ を連立方程式と

して解くと，$x=2,\ y=3$ だから，P $(2,\ 3)$ となる。

(2) △BOP の BO を底辺としたときの高さは，点 P の

y 座標となるから，$\triangle \text{BOP}=\dfrac{1}{2}\times 4\times 3=6$

(3) A，C はそれぞれ，直線 ℓ，m の切片だから，

A $(0,\ 5)$，C $(0,\ 2)$ となる。

よって，

$\triangle \text{ACP}:\triangle \text{COP}=\text{AC}:\text{CO}=(5-2):2=3:2$

2 (1) $x^2=-3x+4$ より，$x^2+3x-4=0$ となる

ので，$(x-1)(x+4)=0$ より，$x=1,\ -4$

よって，点 B の x 座標は 1 で，

y 座標は，$y=1^2=1$ となるので，B $(1,\ 1)$

(2) $y=-3x+4$ に $y=0$ を代入して，

$$0=-3x+4 \text{ より，} 3x=4 \text{ となるので，} x=\dfrac{4}{3}$$

(3) (1)より，点 A の x 座標は -4，直線 ℓ の切片より，

点 D の y 座標は 4 なので，

$$\triangle \text{OAB}=\triangle \text{OAD}+\triangle \text{OBD}$$
$$=\dfrac{1}{2}\times 4\times 4+\dfrac{1}{2}\times 4\times 1=8+2$$
$$=10$$

(4) $\triangle \text{OCD}=\dfrac{1}{2}\times 4\times \dfrac{4}{3}=\dfrac{8}{3}$

よって，

$\triangle \text{OAD}:\triangle \text{OCD}=8:\dfrac{8}{3}=24:8=3:1$

3 (1) 点 A の y 座標は，$y=\dfrac{1}{2}\times 4^2=8$

(2) 直線 AB の式を $y=ax+12$ とすると，点 A の座

標より，$8=4a+12$ となるので，$a=-1$

よって，$y=-x+12$

(3) $\dfrac{1}{2}x^2=-x+12$ より，$x^2+2x-24=0$ となる

ので，$(x-4)(x+6)=0$

よって，点 D の x 座標は -6 で，

y 座標は，$y=-(-6)+12=18$

(4) 高さが共通なので，$\triangle \text{BCD}:\triangle \text{ABC}=\text{DB}:\text{BA}$

各点の x 座標の差から，

DB : BA $= \{0 - (-6)\} : (4 - 0) = 6 : 4 = 3 : 2$

よって，△BCD の面積は，

△ABC の面積の，$3 \div 2 = \dfrac{3}{2}$（倍）

4 (1) A $(-4,\ 8)$ は $y = ax^2$ 上の点だから，

$8 = a \times (-4)^2$

$16a = 8$ より，$a = \dfrac{1}{2}$

(2) $y = \dfrac{1}{2} x^2$ に $x = 3$ を代入して，

$y = \dfrac{1}{2} \times 3^2 = \dfrac{9}{2}$ より，B$\left(3,\ \dfrac{9}{2}\right)$ だから，

AB の傾きは，

$\left(\dfrac{9}{2} - 8\right) \div \{3 - (-4)\} = \left(-\dfrac{7}{2}\right) \div 7 = -\dfrac{1}{2}$

直線 AB の式は $y = -\dfrac{1}{2} x + b$ と表すことができ，

点 A を通ることから，$8 = -\dfrac{1}{2} \times (-4) + b$ より，

$b = 6$　よって，求める式は，$y = -\dfrac{1}{2} x + 6$

(3) 次図のように，直線 AB と y 軸との交点を M，OM の中点を N とし，点 N を通り AB に平行な直線を ℓ とする。

このとき，点 C が ℓ 上にあると，

△ABC $= \dfrac{1}{2}$ △OAB となる。

M $(0,\ 6)$ より，N $(0,\ 3)$ だから，

直線 ℓ の式は，$y = -\dfrac{1}{2} x + 3$

したがって，点 C の x 座標は，

$\dfrac{1}{2} x^2 = -\dfrac{1}{2} x + 3$ の解として求められる。

$x^2 + x - 6 = 0$ より，$(x + 3)(x - 2) = 0$

$x = -3,\ 2$ だから，

$x = -3$ のとき，$y = \dfrac{1}{2} \times (-3)^2 = \dfrac{9}{2}$，

$x = 2$ のとき，$y = \dfrac{1}{2} \times 2^2 = 2$

よって，求める点 C の座標は，$\left(-3,\ \dfrac{9}{2}\right)$，$(2,\ 2)$

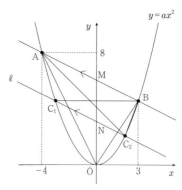

(4) △AC$_1$B と △BC$_1$C$_2$ は C$_1$B が共通だから，S$_1$: S$_2$ は，C$_1$B を底辺としたときの高さの比で表せる。また，C$_1$B は x 軸に平行だから，高さの比は，y 座標の差で求められる。

よって，

S$_1$: S$_2$ $= \left(8 - \dfrac{9}{2}\right) : \left(\dfrac{9}{2} - 2\right) = \dfrac{7}{2} : \dfrac{5}{2} = 7 : 5$

5 (1) 2 次関数の式に点 B の座標の値を代入すると，

$4 = a \times (2\sqrt{3})^2$

これを解いて，$a = \dfrac{1}{3}$

(2) △OPA が正三角形より，次図 1 のように A から OP に垂線 AQ をひくと，OQ $= k$ としたとき，

AQ $= \dfrac{\sqrt{3}}{1}$ OQ $= \sqrt{3} k$ で，

A $(-\sqrt{3} k,\ k)$ と表される。

点 A は 2 次関数のグラフ上の点なので，

$k = \dfrac{1}{3} \times (-\sqrt{3} k)^2$ より，$k = k^2$ だから，

$k^2 - k = 0$ より，$k(k - 1) = 0$

したがって，$k = 0,\ 1$ で，$k = 0$ だと A が原点 O と重なるので，適するのは，$k = 1$

よって，点 A の x 座標は，$-\sqrt{3} \times 1 = -\sqrt{3}$ で，y 座標は 1 なので，A $(-\sqrt{3},\ 1)$

図 1

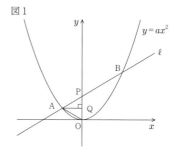

(3) 次図 2 のように，点 A を通り x 軸に平行な直線と，

点 B を通り y 軸に平行な直線との交点を C とする

と，点 C $(2\sqrt{3}, 1)$

$\triangle ABC$ は，$\angle ACB = 90°$ の直角三角形で，

$AC = 2\sqrt{3} - (-\sqrt{3}) = 3\sqrt{3}$，

$BC = 4 - 1 = 3$ なので，三平方の定理より，

$AB = \sqrt{(3\sqrt{3})^2 + 3^2} = 6$

図 2

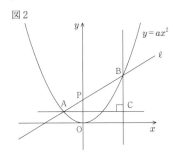

(4) 前図 1 で，$\triangle OPA$ が正三角形より，

$OP = 2OQ = 2$

よって，

$\triangle OBA = \triangle OBP + \triangle OAP$

$= \dfrac{1}{2} \times 2 \times 2\sqrt{3} + \dfrac{1}{2} \times 2 \times \sqrt{3}$

$= 3\sqrt{3}$

(5) 3 点 A，P，B は同一直線上にあるので，

$AP : PB$ は，2 点 A，P の x 座標の差と，

2 点 P，B の x 座標の差の比に等しく，

$\sqrt{3} : 2\sqrt{3} = 1 : 2$ なので，

$PB = AB \times \dfrac{2}{1+2} = 4$

よって，$OP : PB = 2 : 4 = 1 : 2$

$\boxed{6}$ (1) $y = x^2$ に $x = -2$ を代入すると，

$y = (-2)^2 = 4$ よって，P $(-2, 4)$

(2) $y = 3^2 = 9$ より，Q $(3, 9)$

$y = 3x - 3$ に $x = 3$ を代入すると，

$y = 3 \times 3 - 3 = 6$ なので，R $(3, 6)$

よって，$QR = 9 - 6 = 3$

(3) 直線 PQ の式を $y = ax + b$ として，2 点 P，Q の

座標の値をそれぞれ代入すると，$\begin{cases} 4 = -2a + b \\ 9 = 3a + b \end{cases}$

これを解くと，$a = 1$，$b = 6$ なので，

直線 PQ の式は，$y = x + 6$

直線 PQ と y 軸との交点を A とすると，A $(0, 6)$

$y = 3x - 3$ の切片より，S $(0, -3)$ だから，

$AS = 6 - (-3) = 9$

よって，

$\triangle PSQ = \triangle PSA + \triangle QSA$

$= \dfrac{1}{2} \times 9 \times 2 + \dfrac{1}{2} \times 9 \times 3 = \dfrac{45}{2}$

四角形 OSRQ は，$OS = QR$，$OS /\!/ QR$ より平行

四辺形で，面積は，$3 \times 3 = 9$

よって，$\triangle PSQ$ と四角形 OSRQ の面積の比は，

$\dfrac{45}{2} : 9 = 5 : 2$

(4) PQ の中点を B としたとき，直線 SB が $\triangle PSQ$ の

面積を 2 等分する。

点 B は x 座標が，$\dfrac{-2+3}{2} = \dfrac{1}{2}$，

y 座標が，$\dfrac{4+9}{2} = \dfrac{13}{2}$

直線 SB は x が，$\dfrac{1}{2} - 0 = \dfrac{1}{2}$ 増加すると，

y は，$\dfrac{13}{2} - (-3) = \dfrac{19}{2}$ 増加するので，

傾きは，$\dfrac{19}{2} \div \dfrac{1}{2} = 19$

切片は -3 だから，直線 SB の式は，$y = 19x - 3$

$\boxed{7}$ (1) $x = 0$ で最小値 $y = 0$ をとり，$x = 4$ で最大値，

$y = a \times 4^2 = 16a$ をとる。

よって，求める変域は，$0 \leqq y \leqq 16a$

(2) $y = ax^2$ に，$x = -3$ を代入して，

$y = a \times (-3)^2 = 9a$

$x = -1$ を代入して，$y = a \times (-1)^2 = a$

変化の割合は，$\dfrac{a - 9a}{-1 - (-3)} = \dfrac{-8a}{2} = -4a$

よって，$-4a = -8$ より，$a = 2$

(3) $y = \dfrac{1}{2}x^2$ に，

$x = -2$ を代入して，$y = \dfrac{1}{2} \times (-2)^2 = 2$，

$x = 4$ を代入して，$y = \dfrac{1}{2} \times 4^2 = 8$ だから，

A $(-2, 2)$，B $(4, 8)$

2 点の座標から，直線 AB の式を求めると，

$y = x + 4$ だから，次図のように，直線 AB と y 軸

との交点を C とすると，C $(0, 4)$

$\triangle OAB = \triangle OAC + \triangle OBC$

$= \dfrac{1}{2} \times 4 \times 2 + \dfrac{1}{2} \times 4 \times 4 = 4 + 8$

$= 12$ だから，

△OAB の面積を2等分する直線は OB と交わり、その交点をDとすると、

$$\triangle ODC = 12 \times \frac{1}{2} - 4 = 2$$

点Dの x 座標を d とすると、

$$\frac{1}{2} \times 4 \times d = 2 \text{ より、} d = 1$$

直線 OB の式は $y = 2x$ で、

点Dはこの直線上にあるから、D (1, 2)

よって、CD の傾きは、$\dfrac{2-4}{1-0} = -2$ で、

直線 CD の式は、$y = -2x + 4$

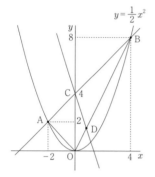

8 (1) $y = ax^2$ に $x = 3$, $y = 9$ を代入して、

$$9 = a \times 3^2 \text{ より、} a = 1$$

(2) $y = x^2$ に $x = -1$ を代入して、

$$y = (-1)^2 = 1 \text{ より、B } (-1, 1)$$

直線 AB の傾きは、$\dfrac{9-1}{3-(-1)} = 2$ だから、

$y = 2x + b$ とおき、$x = -1$, $y = 1$ を代入して、

$$1 = 2 \times (-1) + b \text{ より、} b = 3$$

よって、$y = 2x + 3$

(3) $y = x^2$ に $x = 2$ を代入して、

$$y = 2^2 = 4 \text{ より、C } (2, 4)$$

点Cを通り、y 軸に平行な直線と直線 AB との交点をDとする。

$y = 2x + 3$ に $x = 2$ を代入して、

$y = 2 \times 2 + 3 = 7$ より、D (2, 7) なので、

DC = 7 - 4 = 3 で、

$$\begin{aligned}
\triangle ABC &= \triangle ADC + \triangle BDC \\
&= \frac{1}{2} \times 3 \times (3 - 2) \\
&\quad + \frac{1}{2} \times 3 \times |2 - (-1)| \\
&= 6
\end{aligned}$$

(4) 直線 BC は傾きが、$\dfrac{4-1}{2-(-1)} = 1$ だから、

$y = x + c$ とおき、$x = -1$, $y = 1$ を代入して、

$$1 = -1 + c \text{ より、} c = 2$$

E (0, 2) とおくと、

$$\begin{aligned}
\triangle BCO &= \triangle CEO + \triangle BEO \\
&= \frac{1}{2} \times 2 \times 2 + \frac{1}{2} \times 2 \times 1 = 3
\end{aligned}$$

四角形 ABOC = 6 + 3 = 9 より、

四角形 ABOC を2等分した面積は、$\dfrac{9}{2}$。

F (0, 3) とおくと、

$$\triangle FBO = \frac{1}{2} \times 3 \times 1 = \frac{3}{2} \text{ より、} \frac{9}{2} - \frac{3}{2} = 3$$

AB 上の点をGとおき、

点Gの x 座標を $x = g$ とおくと、

$$\triangle GFO = \frac{1}{2} \times 3 \times g = 3 \text{ より、} g = 2$$

したがって、$y = 2x + 3$ に $x = 2$ を代入して、

$y = 2 \times 2 + 3 = 7$ より、G (2, 7)

よって、求める直線は直線 OG で、$y = \dfrac{7}{2}x$

9 (1) 辺 CD は x 軸に平行だから、Cの y 座標は8。

また、2点A、Bは y 軸について対称な点だから、

Bの x 座標は2。

これより、AB = 2 - (-2) = 4 だから、CD = 4

よって、Cの x 座標は、0 + 4 = 4

よって、C (4, 8)

(2) $y = ax^2$ に $x = 4$, $y = 8$ を代入して、

$$8 = a \times 4^2 \text{ より、} a = \frac{1}{2}$$

(3) 求める直線は平行四辺形 ABCD の対角線の交点を通る。

点Bの y 座標は、$y = \dfrac{1}{2}x^2$ に $x = 2$ を代入して、

$$y = \frac{1}{2} \times 2^2 = 2$$

平行四辺形 ABCD の対角線の交点をEとすると、

Eの x 座標は、$\dfrac{0+2}{2} = 1$, y 座標は、$\dfrac{8+2}{2} = 5$

求める直線は原点を通るから、直線の式を $y = mx$ として、$x = 1$, $y = 5$ を代入すると、

$$5 = m \times 1 \text{ より、} m = 5$$

よって、求める直線の式は、$y = 5x$

10 (1) C $(8, 16)$は $y = ax^2$ 上の点だから，$16 = a \times 8^2$ より，$64a = 16$

よって，$a = \dfrac{1}{4}$

(2) $y = \dfrac{1}{4}x^2$ に $x = -6$ を代入して，

$y = \dfrac{1}{4} \times (-6)^2 = 9$ より，A $(-6, 9)$

2点A，Cの座標より，ACの傾きは，

$\dfrac{16 - 9}{8 - (-6)} = \dfrac{7}{14} = \dfrac{1}{2}$ だから，

直線ACの式は $y = \dfrac{1}{2}x + b$ と表すことができ，

点Cの座標の値を代入すると，

$16 = \dfrac{1}{2} \times 8 + b$ より，$b = 12$

よって，求める直線の式は，$y = \dfrac{1}{2}x + 12$

(3) B $(4, 4)$ より，ABの傾きは，

$\dfrac{4 - 9}{4 - (-6)} = -\dfrac{1}{2}$ だから，

直線ABの式は $y = -\dfrac{1}{2}x + c$ と表すことができ，

点Bの座標の値を代入すると，

$4 = -\dfrac{1}{2} \times 4 + c$ より，$c = 6$ となり，

$y = -\dfrac{1}{2}x + 6$

次図のように，AC，ABと y 軸との交点をそれぞれ P，Qとすると，P $(0, 12)$，Q $(0, 6)$だから，

$PQ = 12 - 6 = 6$

$\triangle APB = \triangle APQ + \triangle BPQ$

$\qquad = \dfrac{1}{2} \times 6 \times 6 + \dfrac{1}{2} \times 6 \times 4 = 18 + 12$

$\qquad = 30$

$AP : PC = 6 : 8 = 3 : 4$ より，$AC = \dfrac{7}{3}AP$ だから，

$\triangle ABC = \dfrac{7}{3} \triangle APB = \dfrac{7}{3} \times 30 = 70$

よって，$\triangle ACD = \triangle ABC = 70$

(4) 対角線ACとBDの交点をMとする。

平行四辺形ABCDの面積を2等分する直線は点Mを通るから，求める直線は，直線EMとなる。

MはACの中点だから，

$M\left(\dfrac{8 - 6}{2}, \dfrac{16 + 9}{2}\right) = \left(1, \dfrac{25}{2}\right)$

2点E，Mの座標から直線EMの式を求めると，

$y = -\dfrac{5}{4}x + \dfrac{55}{4}$

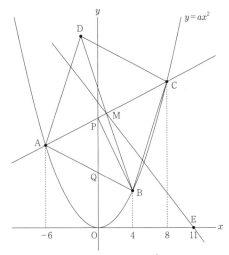

11 (1) 点Aの y 座標は，$y = -\dfrac{1}{2} \times (-2)^2 = -2$

で，点Bの y 座標は，$y = -\dfrac{1}{2} \times 4^2 = -8$

求める直線を $y = ax + b$ とすると，

$\begin{cases} -2 = -2a + b \\ -8 = 4a + b \end{cases}$ が成り立つ。

これを解くと，$a = -1$，$b = -4$

よって，$y = -x - 4$

(2) 直線ABと y 軸との交点をPとすると，

点Pの座標は$(0, -4)$。

よって，

$\triangle OAB = \triangle OAP + \triangle OBP$

$\qquad = \dfrac{1}{2} \times 4 \times 2 + \dfrac{1}{2} \times 4 \times 4 = 12$

(3) 点Cは線分ABの中点なので，

点Cの x 座標は，$\dfrac{-2 + 4}{2} = 1$，

y 座標は，$\dfrac{-2 - 8}{2} = -5$

(4) 直線OBの傾きは，$\dfrac{-8}{4} = -2$

OB∥ADなので，

直線ADの式は，$y = -2x + d$ とおける。

点Aの座標の値を代入して，

$-2 = (-2) \times (-2) + d$ より，$d = -6$

したがって，$-\dfrac{1}{2}x^2 = -2x - 6$ より，

$x^2 - 4x - 12 = 0$ となるので，

$(x - 6)(x + 2) = 0$

点 D の x 座標は正なので，$x = 6$

また，y 座標は，$y = -\dfrac{1}{2} \times 6^2 = -18$

12 (1) $y = \dfrac{a}{x}$ に $x = 2$，$y = 3$ を代入して，

$3 = \dfrac{a}{2}$ より，$a = 6$

(2) $y = \dfrac{6}{x}$ に $y = x + 1$ を代入して，

$x + 1 = \dfrac{6}{x}$ より，$x^2 + x - 6 = 0$

左辺を因数分解して，$(x + 3)(x - 2) = 0$ より，

$x = -3$，2

よって，点 B の x 座標は -3 だから，

$y = x + 1$ に $x = -3$ を代入して，

$y = -3 + 1 = -2$ より，B$(-3, -2)$

(3) $y = \dfrac{6}{x}$ に $x = 6$ を代入して，

$y = \dfrac{6}{6} = 1$ より，C$(6, 1)$

直線 BC の傾きは，$\dfrac{1 - (-2)}{6 - (-3)} = \dfrac{1}{3}$ だから，

$y = \dfrac{1}{3}x + b$ に $x = 6$，$y = 1$ を代入して，

$1 = \dfrac{1}{3} \times 6 + b$ より，$b = -1$

よって，$y = \dfrac{1}{3}x - 1$

(4) $y = \dfrac{1}{3}x - 1$ に $x = 2$ を代入して，

$y = \dfrac{2}{3} - 1 = -\dfrac{1}{3}$ より，E$\left(2, -\dfrac{1}{3}\right)$ とおく。

$\triangle ABC = \triangle ABE + \triangle ACE$

$= \dfrac{1}{2} \times \left\{3 - \left(-\dfrac{1}{3}\right)\right\} \times |2 - (-3)|$

$\quad + \dfrac{1}{2} \times \left\{3 - \left(-\dfrac{1}{3}\right)\right\} \times (6 - 2)$

$= 15$

(5) $\triangle ABD$ と $\triangle ABC$ は底辺を AB とみると高さは等しいから，AB ∥ CD で，直線 CD は傾きが 1 だから，$y = x + c$ に $x = 6$，$y = 1$ を代入して，

$1 = 6 + c$ より，$c = -5$

よって，直線 CD の式は，$y = x - 5$

これに $y = \dfrac{6}{x}$ を代入して，

$\dfrac{6}{x} = x - 5$ より，$x^2 - 5x - 6 = 0$

左辺を因数分解して，$(x - 6)(x + 1) = 0$ より，$x = 6$，-1

$y = x - 5$ に $x = -1$ を代入して，

$y = -1 - 5 = -6$ より，D$(-1, -6)$

13 (1) $y = ax^2$ に $x = 4$，$y = 16$ を代入して，

$16 = a \times 4^2$ より，$a = 1$

(2) 比例定数が正だから，x の絶対値が大きいほど y の値は大きくなる。

よって，y は，$x = 0$ のとき最小値 $y = 0$ となり，

$x = 4$ のとき最大値，$y = \dfrac{1}{2} \times 4^2 = 8$ となるから，

$0 \leqq y \leqq 8$

(3) $x = -2$ のとき，$y = a \times (-2)^2 = 4a$，

$x = 4$ のとき，$y = a \times 4^2 = 16a$ だから，

変化の割合は，$\dfrac{16a - 4a}{4 - (-2)} = 2a$

(4) 次図のように，点 A，B からそれぞれ x 軸に垂線 AC，BD をひくと，四角形 ACDB は台形になる。

$\triangle OAB$ の面積は，

台形 ACDB $- \triangle OAC - \triangle ODB$ で求めることができる。

$AC = 4a$ cm，$BD = 16a$ cm，$OC = 2$ cm，

$OD = 4$ cm，$CD = 2 + 4 = 6$ (cm) だから，

$\triangle OAB$ の面積について，

$\dfrac{1}{2} \times (4a + 16a) \times 6 - \dfrac{1}{2} \times 2 \times 4a$

$\quad - \dfrac{1}{2} \times 4 \times 16a$

$= 84$ が成り立つ。

これを解くと，$a = \dfrac{7}{2}$

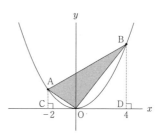

14 (1) 点 A から x 軸に垂線 AP をひくと，P$(1, 0)$ で，$\triangle AOP$ は $\angle APO = 90°$ の直角三角形。

$OP = 1$，$OA = 2$ だから，三平方の定理より，

$AP = \sqrt{2^2 - 1^2} = \sqrt{3}$

よって，A$(1, \sqrt{3})$で，2点 A，B は y 軸を対称の
軸に線対称な位置にあるので，B$(-1, \sqrt{3})$

(2) $y = ax^2$ に点 A の座標を代入して，$\sqrt{3} = a \times 1^2$
よって，$a = \sqrt{3}$

(3) △AOP は，OP：OA：AP $= 1 : 2 : \sqrt{3}$ より，
30°，60°の直角三角形で，∠AOP $= 60°$
よって，∠AOD $= 90° - 60° = 30°$

(4) △OAC は，∠OAC $= 90°$，∠AOC $= 60°$ より，
30°，60°の直角三角形なので，
OC $= 2$OA $= 4$ で，C$(4, 0)$
△OAD の底辺を DA，△COD の底辺を DC とする
と，面積比は底辺の長さの比と等しく，
DO ∥ AP より，DA：DC $=$ OP：OC $= 1 : 4$
よって，△OAD：△COD $=$ DA：DC $= 1 : 4$

(5) △OAC の底辺を AC，△OAE の底辺を EA とす
ると，2つの三角形は高さが等しいので，面積が等
しいことより，AC $=$ EA になり，2点 A，C の x
座標の差と，2点 A，E の x 座標の差が等しく，2点
A，C の y 座標の差と，2点 A，E の y 座標の差も
等しくなる。
2点 A，C の x 座標の差は，$4 - 1 = 3$ より，
点 E の x 座標は，$1 - 3 = -2$
2点 A，C の y 座標の差は，$\sqrt{3} - 0 = \sqrt{3}$ より，
点 E の y 座標は，$\sqrt{3} + \sqrt{3} = 2\sqrt{3}$
よって，E$(-2, 2\sqrt{3})$

15 (1) $y = \dfrac{1}{4}x^2$ に $x = 4$ を代入して，

$y = \dfrac{1}{4} \times 4^2 = 4$

(2) $y = \dfrac{1}{4}x^2$ に $x = -2$ を代入して，

$y = \dfrac{1}{4} \times (-2)^2 = 1$ より，A$(-2, 1)$

直線 AB は傾きが，$\dfrac{4-1}{4-(-2)} = \dfrac{3}{6} = \dfrac{1}{2}$ だから，

式を $y = \dfrac{1}{2}x + b$ とおいて，点 A の座標を代入す

ると，$1 = \dfrac{1}{2} \times (-2) + b$ より，$b = 2$

よって，$y = \dfrac{1}{2}x + 2$

(3) C$(0, 2)$ だから，CP $= 2 - y$
また，点 A から y 軸に垂線 AQ をひくと，
△APQ について三平方の定理より，

AP $= \sqrt{\{0 - (-2)\}^2 + (1-y)^2}$

　　$= \sqrt{2^2 + (1-y)^2}$

CP，AP は円の半径だから，
CP $=$ AP より，CP$^2 =$ AP^2
したがって，$(2-y)^2 = 2^2 + (1-y)^2$ が成り立つ。
式を展開して整理すると，

$-2y = 1$ より，$y = -\dfrac{1}{2}$

(4) $y = \dfrac{1}{2}x + 2$ に $x = -t$ を代入して，

$y = \dfrac{1}{2} \times (-t) + 2 = -\dfrac{1}{2}t + 2$ だから，

D$\left(-t, -\dfrac{1}{2}t + 2\right)$

F$(-t, 0)$ より，OF $= 0 - (-t) = t$ だから，

△ODF $= \dfrac{1}{2} \times t \times \left(-\dfrac{1}{2}t + 2\right) = -\dfrac{1}{4}t^2 + t$

また，△OEC $= \dfrac{1}{2} \times 2 \times 2t = 2t$

△ODF：△OEC $= 1 : 3$ より，

$\left(-\dfrac{1}{4}t^2 + t\right) : 2t = 1 : 3$ だから，

$3\left(-\dfrac{1}{4}t^2 + t\right) = 2t$

式を整理すると，$3t^2 - 4t = 0$ だから，

$t(3t - 4) = 0$ より，$t = 0$，$\dfrac{4}{3}$

$0 < t < 2$ より，$t = \dfrac{4}{3}$

16 (1) $y = (-2)^2 = 4$

(2) $x = 1$ のとき，$y = 1^2 = 1$ で，
$x = 4$ のとき，$y = 4^2 = 16$

よって，$\dfrac{16 - 1}{4 - 1} = 5$

(3) AB $= 4$，OB $= 2$ で，△OAB は直角三角形なの
で，三平方の定理より，

OA $= \sqrt{2^2 + 4^2} = 2\sqrt{5}$

(4) △OAB $= \dfrac{1}{2} \times 2 \times 4 = 4$

点 B から辺 OA に垂線 BH を引くと，△OAB の面

積について，$\dfrac{1}{2} \times 2\sqrt{5} \times$ BH $= 4$ が成り立つの

で，BH $= \dfrac{4\sqrt{5}}{5}$

よって，求める体積は，底面の円の半径が BH で高

さ OH の円すいと，底面の円の半径が BH で高さ AH の円すいの和なので，

$$\frac{1}{3}\pi \times \left(\frac{4\sqrt{5}}{5}\right)^2 \times \text{OH}$$

$$+ \frac{1}{3}\pi \times \left(\frac{4\sqrt{5}}{5}\right)^2 \times \text{AH}$$

$$= \frac{1}{3}\pi \times \frac{16}{5} \times (\text{OH} + \text{AH})$$

$$= \frac{16}{15}\pi \times 2\sqrt{5} = \frac{32\sqrt{5}}{15}\pi$$

3．確　率　(P. 72～80)
§1．確　率

――― 〈解答〉 ―――

$\boxed{1}$　(1) 12（通り）　(2) 6（通り）　(3) 10（個）

$\boxed{2}$　(1) $\frac{4}{9}$　(2) $\frac{1}{9}$　(3) $\frac{15}{16}$　(4) $\frac{33}{49}$　(5) $\frac{5}{18}$

$\boxed{3}$　(1) $\frac{1}{6}$　(2) $\frac{5}{12}$　(3) $\frac{1}{12}$

$\boxed{4}$　(1) $\frac{1}{6}$　(2) $\frac{5}{9}$　(3) $\frac{5}{9}$　(4) $\frac{5}{18}$

$\boxed{5}$　(記号) A　（確率）$\frac{1}{3}$

$\boxed{6}$　(1) 6（通り）　(2) $\frac{1}{36}$　(3) $\frac{1}{3}$　(4) $\frac{4}{9}$

$\boxed{7}$　(1) $\frac{1}{12}$　(2) $\frac{1}{12}$　(3) $\frac{13}{36}$

$\boxed{8}$　(1) $(y =)$ 9　(2) $\frac{1}{5}$　(3) $\frac{1}{5}$

$\boxed{9}$　(1) $\frac{1}{18}$　(2) $\frac{1}{36}$

$\boxed{1}$　(1) 十の位の数は，1，2，3，4 の 4 通り，
一の位の数は残った 3 通りの数が考えられるので，
2 けたの整数は全部で，$4 \times 3 = 12$（通り）

(2) 選ぶ順番も考えると，$4 \times 3 = 12$（通り）だが，
例えば，（A，B），（B，A）は区別しないので，
$12 \div 2 = 6$（通り）

(3) 点 A を頂点にもつ三角形の 3 つの頂点の選び方は，
$\{A, B, C\}$，$\{A, B, D\}$，$\{A, B, E\}$，
$\{A, B, F\}$，$\{A, C, D\}$，$\{A, C, E\}$，
$\{A, C, F\}$，$\{A, D, E\}$，$\{A, D, F\}$，
$\{A, E, F\}$の 10 通り。

$\boxed{2}$　(1) 6 の約数は 1，2，3，6 の 4 個なので，

確率は $\frac{4}{9}$。

(2) 大きいサイコロの目を A，小さいサイコロの目を B とすると，目の和が 5 になる(A，B)の組み合わせは，(1, 4)，(2, 3)，(3, 2)，(4, 1) の 4 通り。
2 個のサイコロの目の組み合わせは，
$6 \times 6 = 36$（通り）あるので，

出た目の和が 5 となる確率は，$\frac{4}{36} = \frac{1}{9}$

(3) 4 枚の硬貨の表，裏の出方は，$2^4 = 16$（通り）
このうち，4 枚とも裏になるのは 1 通りなので，

求める確率は，$1 - \frac{1}{16} = \frac{15}{16}$

(4) 7 枚のカードを 2 回取り出すときの取り出し方は全部で，$7 \times 7 = 49$（通り）
2 数の積が奇数であるのは，奇数×奇数の場合で，偶数であるのは，それ以外の場合となる。
カードに書かれた整数のうち，
奇数は 1，3，5，7 の 4 通りだから，
積が奇数であるのは，$4 \times 4 = 16$（通り）
よって，偶数であるのは，

$49 - 16 = 33$（通り）だから，求める確率は $\frac{33}{49}$。

(5) 1 回目，2 回目のサイコロの出た目の数をそれぞれ a，b とすると，点 P が頂点 D に止まるのは，
$a + b = 3$，7，11 のときだから，
$(a, b) = (1, 2)$，$(2, 1)$，$(1, 6)$，$(2, 5)$，$(3, 4)$，
　　　　$(4, 3)$，$(5, 2)$，$(6, 1)$，$(5, 6)$，$(6, 5)$
の 10 通り。
a，b の組み合わせは全部で，
$6 \times 6 = 36$（通り）だから，確率は，$\frac{10}{36} = \frac{5}{18}$

$\boxed{3}$　(1) 2 つのさいころを同時に投げたとき，
目の出方は全部で 36 通り。
このうち，$a = b$ が成り立つのは，
$(a, b) = (1, 1)$，$(2, 2)$，$(3, 3)$，$(4, 4)$，$(5, 5)$，
　　　　$(6, 6)$の 6 通り。

よって，確率は，$\frac{6}{36} = \frac{1}{6}$

(2) $a < b$ が成り立つのは，
$(a, b) = (1, 2)$，$(1, 3)$，$(1, 4)$，$(1, 5)$，$(1, 6)$，
　　　　$(2, 3)$，$(2, 4)$，$(2, 5)$，$(2, 6)$，$(3, 4)$，
　　　　$(3, 5)$，$(3, 6)$，$(4, 5)$，$(4, 6)$，$(5, 6)$

の 15 通り。

よって，求める確率は，$\dfrac{15}{36} = \dfrac{5}{12}$

(3) $\dfrac{1}{a} + \dfrac{1}{b} = \dfrac{1}{2}$ より，$\dfrac{1}{b} = \dfrac{1}{2} - \dfrac{1}{a}$ だから，

a，b はそれぞれ 3，4，5，6 のいずれかになる。

$\dfrac{1}{2} - \dfrac{1}{3} = \dfrac{1}{6}$ より，$a = 3$，$b = 6$

$\dfrac{1}{2} - \dfrac{1}{4} = \dfrac{1}{4}$ より，$a = 4$，$b = 4$

$\dfrac{1}{2} - \dfrac{1}{5} = \dfrac{3}{10}$ より，条件を満たす a，b はない。

$\dfrac{1}{2} - \dfrac{1}{6} = \dfrac{1}{3}$ より，$a = 6$，$b = 3$

よって，全部で 3 通りあるから，確率は，$\dfrac{3}{36} = \dfrac{1}{12}$

$\boxed{4}$ (1) $a + b = 7$ になる (a, b) の組は，

$(1, 6)$，$(2, 5)$，$(3, 4)$，$(4, 3)$，$(5, 2)$，$(6, 1)$

の 6 通り。

2 つのさいころの目の組み合わせは，

$6 \times 6 = 36$ （通り）あるので，確率は，$\dfrac{6}{36} = \dfrac{1}{6}$

(2) a，b の一方が 3 の倍数であれば ab は 3 の倍数になるので，ab が 3 の倍数にならないのは，a，b ともに 1，2，4，5 のいずれかのときで，$4 \times 4 = 16$ （通り）

よって，ab が 3 の倍数とならない確率は，$\dfrac{16}{36} = \dfrac{4}{9}$

なので，ab が 3 の倍数となる確率は，$1 - \dfrac{4}{9} = \dfrac{5}{9}$

(3) $\dfrac{2b}{a}$ が整数になるのは，$a = 1$ のとき，

$b = 1$，2，3，4，5，6 の 6 通り。

$a = 2$ のとき，$b = 1$，2，3，4，5，6 の 6 通り。

$a = 3$ のとき，$b = 3$，6 の 2 通り。

$a = 4$ のとき，$b = 2$，4，6 の 3 通り。

$a = 5$ のとき，$b = 5$ の 1 通り。

$a = 6$ のとき，$b = 3$，6 の 2 通り。

よって，$\dfrac{2b}{a}$ が整数になるのは，

$6 + 6 + 2 + 3 + 1 + 2 = 20$ （通り）あるので，

確率は，$\dfrac{20}{36} = \dfrac{5}{9}$

(4) $(\sqrt{ab})^2 > 4^2$ より，$ab > 16$

これにあてはまるのは，$a = 1$，2 のときはない。

$a = 3$ のとき，$b = 6$ の 1 通り。

$a = 4$ のとき，$b = 5$，6 の 2 通り。

$a = 5$ のとき，$b = 4$，5，6 の 3 通り。

$a = 6$ のとき，$b = 3$，4，5，6 の 4 通り。

よって，$\sqrt{ab} > 4$ になるのは，

$1 + 2 + 3 + 4 = 10$ （通り）あるので，

確率は，$\dfrac{10}{36} = \dfrac{5}{18}$

$\boxed{5}$ 全体の場合の数は，$4 \times 3 = 12$ （通り）で，

和が 3 となり，頂点 D で止まるのは，

$(1, 2)$，$(2, 1)$ の 2 通り，

和が 4 となり，頂点 E で止まるのは，

$(1, 3)$，$(3, 1)$ の 2 通り，

和が 5 となり，頂点 A で止まるのは，

$(1, 4)$，$(2, 3)$，$(3, 2)$，$(4, 1)$ の 4 通り，

和が 6 となり，頂点 B で止まるのは，

$(2, 4)$，$(4, 2)$ の 2 通り，

和が 7 となり，頂点 C で止まるのは，

$(3, 4)$，$(4, 3)$ の 2 通り。

よって，もっとも起こりやすいのは，

頂点 A に止まるときであり，確率は，$\dfrac{4}{12} = \dfrac{1}{3}$

$\boxed{6}$ (1) 3 回とも同じ目が出たときだから，

3 回とも 1～6 のいずれかになる 6 通り。

(2) 1 回目，2 回目，3 回目に出た目の数をそれぞれ a，b，c とすると，△CDE ができるのは，

$(a, b, c) = (3, 4, 5)$，$(3, 5, 4)$，$(4, 3, 5)$，

$(4, 5, 3)$，$(5, 3, 4)$，$(5, 4, 3)$

の 6 通り。

a，b，c の組み合わせは全部で，

$6 \times 6 \times 6 = 216$ （通り）だから，

求める確率は，$\dfrac{6}{216} = \dfrac{1}{36}$

(3) AD，BE，CF の交点を O とすると，O を中心として，正六角形の 6 つの頂点を通る円を描くことができる。

直径に対する円周角は 90° だから，三角形の 1 辺（斜辺）が AD，BE，CF のいずれかならば，図形 X は直角三角形となる。

例えば，AD が斜辺となる三角形は，

△ABD，△ACD，△AED，△AFD の 4 つあり，

それぞれができる a，b，c の組は，(2)と同様に 6 通りずつある。

BE，CF が斜辺となる三角形についても同様だから，

全部で，$6 \times 4 \times 3 = 72$（通り）

よって，求める確率は，$\dfrac{72}{216} = \dfrac{1}{3}$

(4) 図形 X が点になる場合は，(1)より 6 通り。

線分になる場合は，同じ点が 2 回選ばれるときで，

例えば，A が 2 回選ばれるのは，

$(a, b, c) = (1, 1, 2),\ (1, 1, 3),\ (1, 1, 4),$
$\qquad\qquad\ (1, 1, 5),\ (1, 1, 6),\ (1, 2, 1),$
$\qquad\qquad\ (1, 3, 1),\ (1, 4, 1),\ (1, 5, 1),$
$\qquad\qquad\ (1, 6, 1),\ (2, 1, 1),\ (3, 1, 1),$
$\qquad\qquad\ (4, 1, 1),\ (5, 1, 1),\ (6, 1, 1)$

の 15 通り。

B〜F の場合も同様だから，

全部で，$15 \times 6 = 90$（通り）

よって，求める確率は，$\dfrac{6 + 90}{216} = \dfrac{96}{216} = \dfrac{4}{9}$

7 (1) $y = \dfrac{1}{2}x$ に $x = a,\ y = b$ を代入すると，

$b = \dfrac{1}{2}a$ より，$a = 2b$

このようになる目の出方は，

$(a, b) = (2, 1),\ (4, 2),\ (6, 3)$ の 3 通り。

大小 2 個のさいころを同時に投げたときの目の出方

は，$6 \times 6 = 36$（通り）だから，

求める確率は，$\dfrac{3}{36} = \dfrac{1}{12}$

(2) 線分 OP 上に x 座標と y 座標がともに整数となる

点が O と P 以外に 2 点ある場合だから，

$(a, b) = (3, 3),\ (3, 6),\ (6, 3)$ の 3 通り。

よって，求める確率は，$\dfrac{3}{36} = \dfrac{1}{12}$

(3) 線分 AP 上に x 座標と y 座標がともに整数となる

点が A と P 以外に 1 点以上ある場合だから，

$(a, b) = (2, 2),\ (2, 4),\ (2, 6),\ (3, 2),$
$\qquad\qquad\ (3, 5),\ (4, 2),\ (4, 4),\ (4, 6),\ (5, 2),$
$\qquad\qquad\ (6, 2),\ (6, 4),\ (6, 5),\ (6, 6)$ の 13 通り。

よって，求める確率は $\dfrac{13}{36}$。

8 (1) $OP = 1 \times 3 = 3,\ OQ = 2 \times 3 = 6$ だから，

$y = \triangle OPQ = \dfrac{1}{2} \times OP \times OQ = \dfrac{1}{2} \times 3 \times 6 = 9$

(2) $OP = a \times 2 = 2a,\ OQ = b \times 2 = 2b$ より，

$y = \dfrac{1}{2} \times 2a \times 2b = 2ab$ となるので，

$2ab > 24$ より，$ab > 12$

これを満たす $a,\ b$ の組は，

$(a, b) = (3, 5),\ (4, 5),\ (5, 3),\ (5, 4)$ の 4 通り。

2 枚のカードの取り出し方は全部で，

$5 \times 4 = 20$（通り）だから，求める確率は，$\dfrac{4}{20} = \dfrac{1}{5}$

(3) $y = \dfrac{1}{2} \times ax \times bx = \dfrac{1}{2}abx^2$ なので，

$x = 3$ のとき，$y = \dfrac{1}{2}ab \times 3^2 = \dfrac{9}{2}ab$

したがって，$54 \leqq \dfrac{9}{2}ab \leqq 225$ より，$12 \leqq ab \leqq 50$

これを満たす $a,\ b$ の組は，

$(a, b) = (3, 4),\ (3, 5),\ (4, 3),\ (4, 5),\ (5, 3),$
$\qquad\qquad\ (5, 4)$ の 6 通り。

つまり，ab の値が 12，15，20 のいずれかとなる。

$ab = 12$ のとき，$y = 6x^2$ となるので，

$x = 5$ を代入すると，$y = 6 \times 5^2 = 150$ となり，

$54 \leqq y \leqq 225$ を満たす。

$ab = 15$ のとき，$y = \dfrac{15}{2}x^2$ となるので，

$x = 5$ を代入すると，$y = \dfrac{15}{2} \times 25 = 187.5$ となり，

条件を満たす。

$ab = 20$ のとき，$y = 10x^2$ となるので，

$x = 5$ のとき，$y = 10 \times 5^2 = 250$ となり，

条件を満たさない。

よって，条件を満たす $a,\ b$ の組は，

$(a, b) = (3, 4),\ (3, 5),\ (4, 3),\ (5, 3)$ の 4 通りで，

求める確率は，$\dfrac{4}{20} = \dfrac{1}{5}$

9 (1) サイコロを 2 回投げたときの目の出方は，

$6 \times 6 = 36$（通り）

C の位置にあるのは，

$(1 回目,\ 2 回目) = (2, 3),\ (3, 2)$ の 2 通りだから，

求める確率は，$\dfrac{2}{36} = \dfrac{1}{18}$

(2) サイコロを 3 回投げたときの目の出方は，

$6 \times 6 \times 6 = 216$（通り）

C の位置にあるのは，

$(1 回目,\ 2 回目,\ 3 回目)$
$\quad = (1, 3, 3),\ (2, 2, 4),\ (2, 4, 2),\ (3, 1, 3),$
$\qquad\ (3, 3, 1),\ (4, 2, 2)$ の 6 通りだから，

求める確率は，$\dfrac{6}{216} = \dfrac{1}{36}$

§2．データの活用

――〈解答〉――

1 (1) 7.5（点）　(2) 8，9，10　(3) 0.53

　 (4)（中央値）7（点）　（第3四分位数）8（点）

　（四分位範囲）2.5（点）

　 (5) ア，エ，オ

2 (1) 6（冊）　(2)（次図）

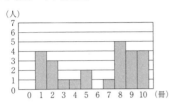

3 (1)（$a =$）4　（$b =$）6　(2) 4（組）

4 (1)（およそ）250（個）　(2)（およそ）620（個）

5 (1) 177.5（cm）　(2) 26.5（cm）

　 (3) ア．中央値　イ．0.2　(4) 1764（人）

---

1 (1) 得点は，5点が1人，6点が2人，7点が7人，

8点が6人，9点が2人，10点が2人。

中央値は，真ん中2人の得点の平均値となるから，

$$\frac{7 + 8}{2} = 7.5（点）$$

(2) $\frac{6 + 1}{2} = 3.5$ より，中央値は点数の低い方から3人

目と4人目の平均値。

a 点を除いた5人の得点は小さい順に4点，5点，6

点，8点，9点で，6点と8点の平均値が，

$$\frac{6 + 8}{2} = 7（点）なので，6点と8点が点数の低い方$$

から3人目と4人目になればよい。

よって，a は8以上であればよいので，10までの自

然数という条件より，8，9，10。

(3) 記録が20m未満の人数は，

6 + 9 + 17 = 32（人）だから，

累積相対度数は，$\frac{32}{60} = 0.533\cdots$ より，

小数第3位を四捨五入して，0.53。

(4) 中央値は得点の低い方から19番目の生徒の得点と

なる。

6点以下の人数が，2 + 3 + 4 + 6 = 15（人），

7点以下が，15 + 9 = 24（人）だから，

中央値は7点。

第3四分位数は得点の高い方から9番目と10番目

の平均となる。

9点以上が，4 + 2 = 6（人），

8点以上が，6 + 7 = 13（人）より，

9番目，10番目ともに8点だから，第3四分位数は8

点。

また，第1四分位数は低い方から9番目と10番目

の平均となる。

5点以下が，2 + 3 + 4 = 9（人）だから，

9番目が5点，10番目が6点より，$\frac{5 + 6}{2} = 5.5$（点）

よって，四分位範囲は，

（第3四分位数）－（第1四分位数）

　 = 8 － 5.5 = 2.5（点）

(5) 9人の記録を小さい方から順に並べると，

11，12，13，14，17，18，18，18，19（m）となる。

したがって，最頻値は18，最大値は19，

範囲は，19 － 11 = 8

さらに，中央値は17，第1四分位数は，

$\frac{12 + 13}{2} = 12.5$，第3四分位数は18だから，

四分位範囲は，18 － 12.5 = 5.5 となる。

よって，正しいものはア，エ，オ。

2 (1)（$1 \times 2 + 2 \times 4 + 3 \times 1 + 4 \times 2 + 5 \times 1$

　 $+ 6 \times 1 + 7 \times 3 + 8 \times 5 + 9 \times 3 + 10 \times 3$）

　 ÷ 25

　 = 150 ÷ 25 = 6（冊）

(2) 6冊は0人で，7冊，8冊，9冊の人数の合計は，

25 － (4 + 3 + 1 + 1 + 2 + 4) = 10（人）で，

読んだ冊数の合計は，

150 － (1 \times 4 + 2 \times 3 + 3 \times 1 + 4 \times 1 + 5 \times 2

　 $+ 6 \times 0 + 10 \times 4$）

　 = 83（冊）

また，中央値は，

(25 + 1) ÷ 2 = 13（番目）の値だから，

1冊から7冊までは，13 － 1 = 12（人）以下になる。

1冊から6冊までが，

4 + 3 + 1 + 1 + 2 = 11（人）いるので，

7冊は，12 － 11 = 1（人）以下。

7冊は0人ではないので，1人に決まる。

よって，8冊の人数を x 人，9冊の人数を y 人とす

ると，1 + x + y = 10……①，

$7 \times 1 + 8x + 9y = 83$……②が成り立つ。

①×9－②より，$x = 5$

①に代入して，$1 + 5 + y = 10$ より，$y = 4$

3 (1) 人数の合計は，

$2 + 3 + a + 3 + b + 3 + 4 + 3 + 2$

　$= 20 + a + b$（人）だから，

$20 + a + b = 30$……①が成り立つ。

また，30人の得点の合計は，

$2 \times 2 + 3 \times 3 + 4 \times a + 5 \times 3 + 6 \times b$

　$+ 7 \times 3 + 8 \times 4 + 9 \times 3 + 10 \times 2$

　$= 128 + 4a + 6b$（点）

これが，$6 \times 30 = 180$（点）だから，

$128 + 4a + 6b = 180$……②が成り立つ。

①より，$a + b = 10$……③

②より，$2a + 3b = 26$……④

④－③×2より，$b = 6$

これを③に代入して，$a + 6 = 10$ より，$a = 4$

(2) データの総数は30人だから，第1四分位数は得点の低い方から8番目の値，中央値（第2四分位数）は15番目と16番目の値の平均となる。

箱ひげ図から，第1四分位数は4点で，表から，得点が3点以下の人数は，$2 + 3 = 5$（人）だから，8番目の値が4点となるためには，a は3以上の値をとる。

中央値は6点で，5点以下の人数は，

$2 + 3 + a + 3 = 8 + a$（人）だから，

15番目の値が6点となるためには，a は6以下の値をとる。

(1)より，$a + b = 10$ だから，

(a, b)は，$(3, 7)$，$(4, 6)$，$(5, 5)$，$(6, 4)$の4組。

4 (1) 箱に入っているねじを x 個とすると，

$x : 30 = 50 : 6$ が成り立つ。

$6x = 1500$ となるから，$x = 250$

よって，およそ250個。

(2) はじめに箱に入っていた白玉の個数を x 個とすると，白玉と黒玉の個数について，

$x : 50 = (40 - 3) : 3$ が成り立つ。

これを解くと，$x = 616.\cdots$ となるから，

一の位を四捨五入して，およそ620個。

5 (1) 航平さんは175cm以上180cm未満の階級にふくまれるから，階級値は，$\dfrac{175 + 180}{2} = 177.5$ (cm)

(2) 26.5cmが18人で最も多いから，最頻値となる。

(3) 中央値は，靴のサイズが小さい方から50番目と51番目の選手の靴のサイズの平均だから，

26.5cm以下が，$2 + 6 + 8 + 14 + 18 = 48$（人），

27cm以下が，$48 + 17 = 65$（人）より，27cm。

また，仮の平均値を中央値である27cmとし，100人それぞれの仮の平均値との差を合計すると，

$(- 2.5) \times 2 + (- 2) \times 6 + (- 1.5) \times 8$

　$+ (- 1) \times 14 + (- 0.5) \times 18 + 0 \times 27$

　$+ 0.5 \times 16 + 1 \times 11 + 1.5 \times 6 + 2 \times 2$

　$= - 20$

よって，$(- 20) \div 100 = - 0.2$ より，

中央値の方が平均値より0.2cm大きい。

(4) 無作為に抽出した100人の熊本県出身の選手の割合は，日本のチームに所属する熊本県出身の選手の割合と，ほぼ等しいと推定できる。

よって，日本のチームに所属するプロのサッカー選手が x 人だとすると，

$\dfrac{2}{100} = \dfrac{36}{x}$ より，$x = 1800$ だから，

熊本県以外の出身の選手はおよそ，

$1800 - 36 = 1764$（人）と推定できる。